北京市科委科普
专　项　资　助

"十二五"国家重点
出版物出版规划项目

《科学美国人》精选系列
专栏作家文集

《环球科学》杂志社
外研社科学出版工作室
编

对苹果设计说不

科学达人的技术笔记

北京 BEIJING

图书在版编目（CIP）数据

对苹果设计说不 /《环球科学》杂志社，外研社科学出版工作室编. —北京：外语教学与研究出版社，2014.5（2015.11 重印）
（《科学美国人》精选系列. 专栏作家文集）
ISBN 978-7-5135-4422-1

Ⅰ. ①对… Ⅱ. ①环… ②外… Ⅲ. ①科学技术－普及读物 Ⅳ. ①N49

中国版本图书馆CIP数据核字（2014）第086884号

出 版 人　蔡剑峰
责任编辑　王帅帅
封面设计　覃一彪
版式设计　平 原　曹 毅
出版发行　外语教学与研究出版社
社　　址　北京市西三环北路19号（100089）
网　　址　http://www.fltrp.com
印　　刷　北京华联印刷有限公司
开　　本　730×980　1/16
印　　张　12.5
版　　次　2014年5月第1版　2015年11月第2次印刷
书　　号　ISBN 978-7-5135-4422-1
定　　价　39.80元

购书咨询：（010）88819929　电子邮箱：club@fltrp.com
外研书店：http://www.fltrpstore.com
凡印刷、装订质量问题，请联系我社印制部
联系电话：（010）61207896　电子邮箱：zhijian@fltrp.com
凡侵权、盗版书籍线索，请联系我社法律事务部
举报电话：（010）88817519　电子邮箱：banquan@fltrp.com
法律顾问：立方律师事务所　刘旭东律师
　　　　　中咨律师事务所　殷　斌律师
物料号：244220001

《科学美国人》精选系列

专栏作家文集

序

科学文化传播的新起点

李大光
中国科学院大学教授

“《科学美国人》精选系列·专栏作家文集”由外语教学与研究出版社（以下简称外研社）编辑出版。它的出版对中国推广现代科学知识和科学思维方式具有重要意义。对于工作繁忙、学习紧张，没有时间阅读每期《环球科学》（《科学美国人》中文版）的人来说，购买这套书，在业余时间阅读，基本就可以了解这一世界著名科学杂志的精彩内容。

《科学美国人》是世界上历史最悠久、最著名的大众科学刊物之一。该刊物于1845年由画家、企业家和出版商鲁弗斯·波特（Rufus M. Porter，1792~1884）创办。在过去将近170年的时间里，《科学美国人》由1845年的发布美国专利局（现为美国专利商标局）新闻的4页周报，发展成内容广泛的关于科学知识和科学文化的著名刊物，销量占据全球大众科学杂志的半壁江山。

任何作品和出版物都与其产生的历史背景有密切关系。《科学美国人》产生于欧洲工业革命时期，那时也是欧洲工业革命和科学技术发现对美国产生重大影响的时期。欧洲的工业化和科学技术发明不仅仅传播到北美大陆，同时也引发了美国19世纪中叶到20世纪初的科学发明高潮。在美国实用主义哲学思想和美国首部专利法案通过并颁布的影响下，爱迪生等发明家不仅带动了美国科学技术的发展，同时也奠定了美国经济发展的基础，与此同时，还产生了美国的探险文化和对客观事实的好奇文化。在这个背景下，美国文化形成了偏重于科学文化的模式。诞生于此时的《科学美国人》具有鲜明的科学与工业色彩，饱含无穷的探索和想象空间，同时还有对科学价值和科学文化的深刻反思。该刊的理念和内容吸引了众多科学家和技术发明家，很多知名科学家，包括爱因斯坦等，都曾给该刊投稿。除科学家之外，还有很多科学哲学家和科学人文学者在此发表关于科学与宗教、科学与伦理以及科学与社会之间关系的思考文章。

《科学美国人》进入中国已经有几十年了。虽然其中文版《环球科学》是按月出版的，但由于其中的内容非常前沿，即便时隔数月甚至数年之后来看，不少文章仍然可以带给我们不一样的启迪，让我们看到科学发展的历程。因此，精选这个著名杂志中适合中国人文化欣赏习惯和兴趣的文章，单独出一套精选系列，就具有了特殊的意义和价值。

"精选"自然有精选的方式和眼光。本系列精选的范围不仅仅是原版的《科学美国人》中的专栏文章，还包括中国科学家在《环球科学》上撰写的精彩文章。经过专业编辑们的谨慎遴选，这套丛书可谓是精品中的精品了。

本系列分为四册，分别是：

1.《大象如何站在铅笔上》——超乎想象的科学解读；

2.《外星人长得像人吗》——怀疑论对科学的揭秘；

3.《哀伤是一种精神病》——走出健康误区；

4.《对苹果设计说不》——科学达人的技术笔记。

其中，关于外星人的传说的文章对中国人的思维方式具有启发意义。作者迈克尔·舍默（Michael Shermer)是科学史博士，在关于伪科学的论述方面是比较著名的学者。他关于伪科学的定义和科学的定义在美国国家科学基金会（National Science Foundation）每两年发布一次的《科学与工程学指标》（*Science and Engineering Indicators*）中被多次引用，并成为科学方法定义的理论基础。他创办的《怀疑论者》（*Skeptic*）在科学文化领域具有重要影响。同时，他

还成立了“怀疑论者协会”（The Skeptics Society），经常组织科学文化的研讨会。2002年，舍默的书《人为什么相信怪异的东西：伪科学、迷信与我们这个时代的迷惘》（*Why People Believe Weird Things: Pseudoscience, Superstition, and Other Confusions of Our Time*）在中国出版，获得好评。他的书对于识别各种所谓的“大师”和伪科学现象、培养国人的批判性思维具有重要意义。

除了科学的思维以外，在科学知识的表达方式上，中外也有很大区别。西方科学知识体系以美国为代表，其表述的基本特征是：

1. 全球视野，关注的是世界范围内的重大事件以及产生的影响；

2. 对科学技术知识的表述一般从使用者最有可能产生错误认识或者体验的角度展开讲解；

3. 描述的角度极其新鲜，往往是读者难以想象的，因而起到的启发效果奇好；

4. 视野超前，即往往针对某个科学领域最先进的研究成果进行讲解。而且跟踪的多数是最好的研究机构或者科学家的研究成果，甚至是诺贝尔奖获得者的研究成果。这也是在过去的将近170年间，有100多位诺贝尔奖得主为其撰稿和该刊物持续畅销的原因之一。

《科学美国人》不仅仅是科学家和技术人员关注世界科学技术前沿动态的重要刊物，也是科学记者或科学作家了解美国和欧洲科学的优秀读物。由外研社出版的“《科学美国人》精选系列”集合了该杂志里最好的作品，通过精选、编辑、再创作呈现给读者。该系列既是大众科学文化创作领域的教科书，也是供中国科学家和技术人员在撰写大众科普文章时参考的极具价值的优秀作品。

序

科学文化传播的新起点

外研社是中国引进外国先进文化的重镇，也是中外文化交流的研究机构。外研社将科学文化作品作为出版重点，说明中国文化正在向先进的前沿领域挺进，也说明世界正在向科学技术文化领域迈进。在科学文化领域中，中国应该认真学习西方的先进经验，逐步形成用理性思维方式看待身边世界和各种现象的潮流，这是民族文化得以进步的力量源泉之一。一个民族在世界上的地位不仅仅靠经济指数，也不仅仅靠军事力量，只有同时具备科学文明的民族才会赢得世界的尊重。从这个角度讲，我希望这套书能成为外研社在科学文化传播中的新起点。

科学奇迹的见证者

陈宗周

《环球科学》杂志社社长

1845年8月28日，一张名为《科学美国人》的科普小报在美国纽约诞生了。创刊之时，创办者鲁弗斯·波特（Rufus M. Porter）就曾豪迈地放言：当其他时政报和大众报被人遗忘时，我们的刊物仍将保持它的优点与价值。

他说对了，当同时或之后创办的大多数美国报刊都消失得无影无踪时，近170岁的《科学美国人》依然青春常驻、风采迷人。

如今，《科学美国人》早已由最初的科普小报变成了印刷精美、内容丰富的月刊，成为全球科普杂志的标杆。到目前为止，它的作者，包括了爱因斯坦、玻尔等151位诺贝尔奖得主——他们中的大多数是在成为《科学美国人》的作者之后，再摘取了那顶桂冠的。它的无数读者，从爱迪生到比尔·盖茨，都在《科学美国人》这里获得知识与灵感。

从创刊到今天的一个多世纪里，《科学美国人》一直是世界前沿科学的记录者，是一个个科学奇迹的见证者。1877年，爱迪生发明了留声机，当他带着那个人类历史上从未有过的机器怪物在纽约宣传时，他的第一站便选择了《科学美国人》编辑部。爱迪生径直走进编辑部，把机器放在一张办公桌上，然后留声机开始说话了："编辑先生们，你们伏案工作很辛苦，爱迪生先生托我向你们问好！"正在工作的编辑们惊讶得目瞪口呆，手中的笔停在空中，久久不能落下。这一幕，被《科学美国人》记录下来。1877年12月，《科学美国人》刊文，详细介绍了爱迪生的这一伟大发明，留声机从此载入史册。

留声机，不过是《科学美国人》见证的无数科学奇迹和科学发现中的一个例子。

可以简要看看《科学美国人》报道的历史：达尔文发表《物种起源》，《科学美国人》马上跟进，进行了深度报道；莱特兄弟在《科学美国人》编辑的激励下，揭示了他们飞行器的细节，刊物还发表评论并给莱特兄弟颁发银质奖杯，作为对他们飞行距离不断进步的奖励；当“太空时代”开启，《科学美国人》立即浓墨重彩地报道，把人类太空探索的新成果、新思维传播给大众。

今天，科学技术的发展更加迅猛，《科学美国人》的报道因此更加精彩纷呈。新能源汽车、私人航天飞行、光伏发电、干细胞医疗、DNA 计算机、家用机器人、“上帝粒子”、量子通信……《科学美国人》始终把读者带领到科学最前沿，一起见证科学奇迹。

《科学美国人》也将追求科学严谨与科学通俗相结合的传统保持至今并与时俱进。于是，在今天的互联网时代，《科学美国人》及其网站当之无愧地成为报道世界前沿科学、普及科学知识的最权威科普媒体。

科学是无国界的，《科学美国人》也很快传向了全世界。今天，包括中文版在内，《科学美国人》在全球用 15 种语言出版国际版本。

《科学美国人》在中国的故事同样传奇。这本科普杂志与中国结缘，是杨振宁先生牵线，并得到了党和国家领导人的热心支持。1972 年 7 月 1 日，在周恩来总理于人民大会堂新疆厅举行的宴请中，杨先生向周总理提出了建议：中国要加强科普工作，《科学美国人》这样的优秀科普刊物，值得引进和翻译。由于中国当时正处于“文革”时期，杨先生的建议 6 年后才得到落实。1978 年，在“全国科学大会”召开前夕，《科学美国人》杂志中文版开始试刊。1979 年，《科学美国人》中文版正式出版。《科学美国人》引入中国，还得到了时任副总理的邓小平以及时任国家科委主任的方毅（后担任副总理）的支持。一本科普刊物在中国受到如此高度的关注，体现了国家对科普工作的重视，同时，也反映出刊物本身的科学魅力。

如今，《科学美国人》在中国的传奇故事仍在续写。作为《科学美国人》在中国的版权合作方，《环球科学》杂志在新时期下，充分利用互联网时代全新的通信、翻译与编辑手段，让《科学美国人》的中文内容更贴近今天读者的需求，更广泛地接触到普通大众，迅速成为了中国影响力最大的科普期刊之一。

《科学美国人》的特色与风格十分鲜明。它刊出的文章，大多由工作在科学最前沿的科学家撰写，他们在写作过程中会与具有科学敏感性和科普传播经验的科学编辑进行反复讨论。科学家与科学编辑之间充分交流，有时还有科学作家与科学记者加入写作团队，这样的科普创作过程，保证了文章能够真实、准确地报道科学前沿，同时也让读者大众阅读时兴趣盎然，激发起他们对科学的关注与热爱。这种追求科学前沿性、严谨性与科学通俗性、普及性相结合的办刊特色，使《科学美国人》在科学家和大众中都赢得了巨大声誉。

《科学美国人》的风格也很引人注目。以英文版语言风格为例，所刊文章语言规范、严谨，但又生动、活泼，甚至不乏幽默，并且反映了当代英语的发展与变化。由于《科学美国人》反映了最新的科学知识，又反映了规范、新鲜的英语，因而它的内容常常被美国针对外国留学生的英语水平考试选作试题，近年有时也出现在中国全国性的英语考试试题中。

《环球科学》创刊后，很注意保持《科学美国人》的特色与风格，并根据中国读者的需求有所创新，同样受到了广泛欢迎，有些内容还被选入国家考试的试题。

为了让更多中国读者了解世界科学的最新进展与成就、开阔科学视野、提升科学素养与创新能力，《环球科学》杂志社和外语教学与研究出版社展开合作，编辑出版能反映科学前沿动态和最新科学思维、科学方法与科学理念的“《科学美国人》精选系列”丛书，包括“科学最前沿”（已上市）、“专栏作家文集”、“诺奖得主文集”、“经典回眸”和“科学问答”等子系列。

丛书内容精选自近几年《环球科学》刊载的文章，按主题划分，结集出版。这些主题汇总起来，构成了今天世界科学的全貌。

丛书的特色与风格也正如《环球科学》和《科学美国人》一样，中国读者不仅能从中了解科学前沿和最新的科学理念，还能受到科学大师的思想启迪与精神感染，并了解世界最顶尖的科学记者与撰稿人如何报道科学进展与事件。

在我们努力建设创新型国家的今天，编辑出版“《科学美国人》精选系列”丛书，无疑具有很重要的意义。展望未来，我们希望，在《环球科学》以及这些丛书的读者中，能出现像爱因斯坦那样的科学家、爱迪生那样的发明家、比尔·盖茨那样的科技企业家。我们相信，我们的读者会创造出无数的科学奇迹。

未来中国，一切皆有可能。

陈宗周

Contents

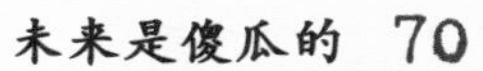

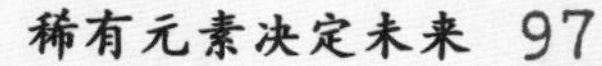

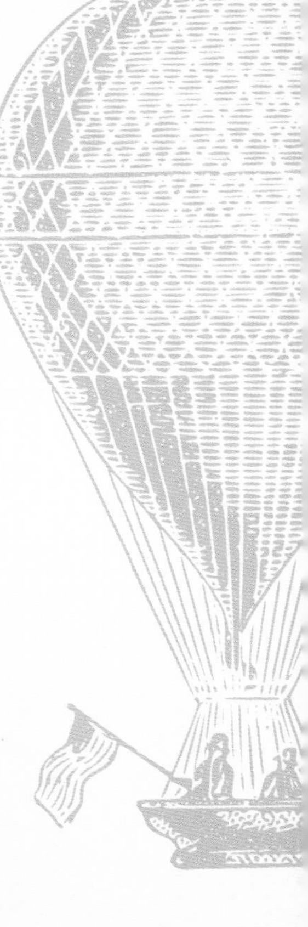

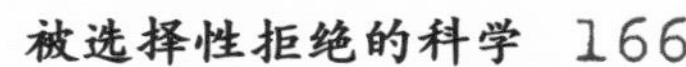

对机器说话

语音识别程序已经越来越靠谱。

撰文 戴维·波格（David Pogue）

在过去几年里，语音识别软件已悄悄地成长起来，并延伸到我们生活中的每个角落：它安装在客服热线和机票预订系统的人机交互端口设备中；扎根于微软视窗（Microsoft Windows）操作系统之中；它是苹果（iPhone）和安卓（Android）之类触摸屏手机的一种替代文本输入的方法。但是我们还得面对这样的现实：大多数使用这种软件的用户都宁肯自己不用它。

这是因为语音识别通常只是B计划：它是替代打字或人类实际交谈的最糟糕方法。一些公司之所以将它用在电话系统中，是因为它的成本低于雇用真人。许多向电脑输入指令的人之所以使用语音识别软件，是因为他们必须这样做。语音识别之所以在触摸屏手机上崭露头角，则是因为在屏幕键盘上打字又慢又麻烦。

那么怎样才能让语音识别更上一层楼，而不仅仅是一种变通方法（B计划）呢？我们离《星际迷航》（*Star Trek*）中从不出错的会话计算机还有多远？

好啦，现在我们正在接近这一目标。经过十年的收购、兼并和挪用公款丑闻之后，主要的语音识别公司现在只剩一家：Nuance通信公司。该公司仅销售唯一一款商用语音识别软件，供Windows、Macintosh和iPhone使用。该软件也为奥迪、宝马、福特、奔驰汽车，还有摩托罗拉、诺基亚、三星、Verizon公司和T-Mobile公司的移动手机提供语音控制系统。用它能玩转声控玩具、GPS（全球定位系统）单元和自动取款机，并可接听美国电话电报公司、美国银行、美国药品零售商CVS和许多其他银行的电话。

Nuance通信公司每年都会推出一个新的用户语音识别程序版本，例如它推出的Dragon Naturally Speaking。通常情况下该公司不会为新版本添加很多新功能。相反，它将大部分资源集中于一个目标：提高精确度。

最初，你必须对着话筒阅读45分钟的脚本来训练这些程序，让程序能识别你的声音。多年来随着技术的改善，训练时间不断减少，逐步降到20分钟、10分钟、5分钟——而现在你已经完全不用对该软件进行训练。一旦发出指令，便能得到（由笔者测试）99.9%的精确度。按照这种精确度，每读两页文字还是会错一个单词，但这已经让人印象深刻了。

语音工程师使用各种方法来提升精确度。最早的语音识别程序要求你说话时在两个单词之间要暂停一下，那种软件根本无法区分“their”与“there”

和"they're"。但假以时日，更强大的PC处理器将会使连续语音分析成为可能。现在的语音识别软件已能开始鼓励你用较长的句子说话，这样，软件就会有更多上下文用来进行分析，以提高精确度。

提高语音识别精确度还有另一种技巧：2010年Nuance公司为iPhone提供了一款免费语音识别应用程序，名为Dragon Dictation。你说的话会被传送到该公司的服务器上，在那里进行分析之后，几秒钟之内就会转换成文本并返回到你的手机屏幕上。

不过，没人知道该公司已储存了所有这些语音样本，有数百万份，这样一来便创建出一个包括有不同声音、年龄、语调和口音的巨大数据库，根据它们可对不同的语音识别算法进行测试。

是的，该技术正在不断改善。但读者经常问我："既然语音识别软件这么好，那么我能用它来做电话和访谈记录吗？"答案仍然是否定的。除非你对着话筒说话，无背景噪音，最好不带口音，否则这个软件的效果也没有这么好。你依然必须读出所有的标点符号，最后还要加上"句号"。天知道，我们人类相互理解都会如此困难，要求一台电脑完美地完成这一任务，确实有点过分。难怪今天的语音识别应用程序仍然会犯错误，比如将"mode import"误听为"modem port"，将"move eclipse"误听为"movie clips"——够了，你应该完全清楚了。

因此，在我们的有生之年，键盘肯定不会消失。《星际迷航》中的计算机会话方式仍然是数十年之后的事情。当然，99.9%的精确度对我们来说已经非常好了——但是除非达到100%精确度，否则语音识别技术仍将属于B计划。（翻译 詹浩）

开放还是封闭？

谷歌的 Android 并未证明开放就是好的。

撰文 戴维·波格（David Pogue）

在美国，有这么个老生常谈：苹果公司曾经失去过一次在计算机行业称霸的机会。它本可以成为个人电脑领域的巨无霸，但是因为系统太封闭而没能成功。这里的“封闭”有两层意思：一层在字面上——早先的 Macintosh 电脑机箱完全封死，里面的零件不能乱拆乱动；另一层则是比喻——苹果在授权方面也很封闭，具体来说，只有苹果生产的电脑才能运行苹果操作系统。微软就不同了，它向所有老牌电脑公司颁发了运行 Windows 的许可，今天，世界上 90% 的个人电脑都在运行 Windows 操作系统。

没过几年，又一场“实验”开始了——主题是音乐播放器。苹果和微软都照着和上次完全相同的剧本演出。竞争的一方是史蒂夫·乔布斯（Steve

Jobs），他坚持 iPod 以及配套的软件都要由苹果公司一手包揽；另一方是微软，它把自己的播放器软件平台 Plays for Sure 提供给任何付了许可费的公司。

但这一次，结果颠倒过来了。苹果模式大获全胜，iPod 一举鲸吞了 85% 的播放器市场。微软呢？直接把 Plays for Sure 拉出去砍了。（微软后来又开发了一套全新的音乐播放系统，名叫“Zune”，出人意料地模仿起苹果的封闭式架构，但也以失败告终。）

好了，我们已经有了几项对照研究，得出了互相矛盾的结果。那么，究竟哪种模式才正确呢？授权还是专有？

眼下，我们正陷入另一场激烈的市场争夺战，这是对两种模式的又一次检验，获胜者将在市场上占据主导。这就是规模空前的智能手机之战，交战双方是苹果（iPhone，专有式）与谷歌（Android，开放式）。

和以前一样，苹果自己开发硬件，并独享自己的操作系统。谷歌则继承了微软“我们的软件随便用”的信条，并且比微软更进了一步：它的 Android 操作系统不仅公开，而且免费；任何公司都能开发使用 Android 智能手机（或者平板电脑、电子阅读器等等）而无须向谷歌支付任何费用，甚至可以对 Android 进行改动。

实验进行到现在，一直十分顺利。全世界的手机制造商正在大量生产 Android 手机，至今已造出 3,000 多万部。而苹果售出的 iPhone 达到了 7,500 多万部，但它比谷歌早入行一年。

这样看来，Android 取得了巨大的成功。但话说回来，如果把这场战争看成实验，那么它的设计非常差劲。我们要问的是：Android 的魅力到底有多少来自于它的开放性？

实际上，我们大可以认为“开放”让用户非常痛苦，因为开放之后，

AT&T 和 Verizon 等运营商就会在你的新手机里塞满乱七八糟的图标，这些图标指向它们那些又差又贵的附加服务。（苹果就绝对不会允许第三方在 iPhone 中预装任何垃圾软件。）

更糟的是，“开放”就意味着不止有一个 Android。一个操作系统变成了由各种小幅改进版本组成的分裂平台。如果你用过 Android 手机，一定会有切身体会：Adobe 推出了 Android 插件，终于能在手机上播放 Flash 动画了。你为此兴奋不已。但仔细一研究，这款插件只能在少数几个 Android 版本上使用。

谷歌的应用商店也比苹果的开放。苹果挨个审查应用软件，这种做法早已恶名远扬。别的不说，Android 手机上能运行色情软件，iPhone 上就不行。但审查也意味着苹果的商店更有条理、质量更高；相比之下，谷歌的 Android 软件市场则是一片混乱。

这么说可能显得偏激。但所谓“开放”，会不会使人眼花缭乱、无所适从呢？

从手机制造商的角度看，Android 真是因为开放性才显得诱人的吗？还是因为它完整、精致、优美、自带软件库，重点是不用手机制造商付一分钱？

对用户来说，开不开放真有那么重要吗？用户是“想要一部摩托罗拉的 Droid 手机，因为它轻薄、流畅，还能加入 Verizon 网络”，还是“想要一部 Droid 手机，因为它的 Android 界面更漂亮一点”？显然是前者。

也许，全世界需要最后再做一次规模庞大的科学实验：一边是封闭、专有的模式（苹果），一边是封闭、免费的模式（谷歌）。你瞧，我们得把“免费”和“可修改”这两个变量分开，才能找出 Android 气势如虹的确切原因。

好吧，我也知道这个实验不可能做得出来，但要弄清楚“开放”的真实价值，这是唯一的办法。（翻译 红猪）

有人格的电子设备

我们想要我们的电子设备人格化到何等程度?

撰文 戴维 · 波格（David Pogue）

iPhone 4S 最具话题性的新特色，就是语音助理 Siri。你可以向“她”下达五花八门的语音指令，无需辅导，也用不到什么特别的句法，她会很奇妙地遵从你的指令行事。

你可以对她说“给我的助理打个电话”“八点叫我起床”“约一下伍德沃德博士，本周五，下午两点”；也可以说“从这里去机场要怎么走？”或是“播放泰勒 · 斯威夫特（Taylor Swift）的歌曲”“在我进办公室后，提醒我把史密瑟斯的行业报告归档”；还可以问她“一升相当于多少液量盎司？”“这里距离火星有多远？”，或者“乔治 · 华盛顿（George Washington）是哪天出生的？”

针对每项指令，Siri 会与苹果公司的服务器进行短暂的连接，然后用一种平静的女性嗓音回复，同时在屏幕上显示你所要查询的信息。

不过，网上很快就冒出了一帮自作聪明的家伙，开始问她一些难以给出确切回答的问题，接着便为她那诙谐乃至犀利的答复惊叹连连。

你：“Siri，我爱你。”Siri：“你真会说话，戴维。现在我们可以继续办公了吧？”

你：“生命的意义何在？”Siri：“我现在也答不上来，不过给我些时间，让我写一部剧情空洞的超长剧给你。”

你：“把舱门打开，Siri。”Siri：“很抱歉，戴维，恐怕我不能那么做。（停顿）满意了吗？”（译者注：这段问答至停顿为止，典出《2001：太空漫游》（*2001: A Space Odyssey*）中波曼船长与超级计算机 HAL9000 的对白片段。）

Siri 确实是语音控制领域的一大突破，此外亦是计算机人格化的一大突破。问题在于，我们想要我们的电子设备人格化吗？程序员和设计师们一直在为这个问题满腹纠结。每一款操作系统的创建人员，都得设计一套标准句法用于人机沟通。数十年来，各家开发厂商总在不同的理念之间犹豫不决，换来换去。

Siri 尚未登场之前，苹果公司的软件向来回避“我”和“你”这类的人称代词。结果便是一些拗口的被动语态大串联，譬如“文档没有被找到，无法被打开”。

微软在对话框内所用的英文，不仅爱用被动语态，还总以程序员为假想对象，而非大众，如“SL_E_CHREF_BINDING_OUT_OF_TOLERANCE：激活服务器确定特定的产品密钥已超过其激活次数。”哦，当然当然！

美国花旗银行的自动提款机则与礼仪女王艾米丽 · 波斯特（Emily Post）

的精神背道而驰。它们将“我”和“您”的交谈体验发挥到了极致。提款机的欢迎画面上会显示：“您好。我能为您提供什么服务？”当你退出后，则会看到：“谢谢，为您服务永远是我们的荣幸。”这些机器甚至有心为你的愚蠢过失担责：“对不起，此密码我无法识别。”

如今，我们内心深处——其实也没多深——都清楚，这些电脑并不是真的在与我们交流；它们所呈现出的表达方式，全部由某处的某名程序员编写而成。那么，这些软件公司为什么要费这个心？倘若人人都知道这只是种花招，那么我们还有必要在意机器能展现出多少人格魅力吗？

有必要。

设计师的用意，显然在于模仿人类的日常对话，好让自己设计出的机器更加友好。不过这种理念是有副作用的：若要编写出像真人一样谈吐的机器程序，程序员就必须像真人一样思考。

以花旗银行为例，撰写那种采用第二人称的对话语句，需要工程师迫使自己代入真人的思维模式。此外，若缺乏在逻辑、术语、表述清晰上的考量，也无法为自动提款机撰写出合格的第一人称表述。处于这种思维框架内的人，永远写不出“激活服务器确定特定的产品密钥已超过其激活次数”这样的句子。

与此同时，Siri 在“人格”上的优越性则在于：她才不管你说的是“会下雨吗？”“我需要带把伞吗？”还是“天气预报怎么说？”她的控制程序要求她理解任意形式的措辞。此时所要达成的效果已经超出了“友好”的范畴，升级为“快感”。当你第一次不用阅读任何说明书，不用遵循任何守则，就能让 Siri 按你的指令行事时，你会为自己的无师自通感到莫大的骄傲。

的确，能像真人一样交谈的机器乃是彻头彻尾的障眼法，对此我们全都心知肚明。不过人的心理是很奇妙的——就好像我们在观看精彩的魔术表演时，明明知道一切都是戏法，却依然会被取悦一样。（翻译 薄锦）

Siri，你不能再聪明点吗

语音识别软件是个好软件，只要别把它用在手机上。

撰文 戴维 · 波格（David Pogue）

苹果公司在 2012 年推出的 iPhone 4S，看上去跟前一款相差无几。新款配置了像素更高的摄像头和速度更快的处理器，却只增添了一项新功能：Siri。

相信大家如今都很熟悉 Siri，这是一款可以执行语音指令的辅助类软件。使用者无须接受任何培训，只要按下 Home 键，像平常一样讲话即可。

Siri 在社会文化领域引发了一股热潮。YouTube 恶搞视频、各种使用攻略、功能雷同的 Android 版应用接踵而至。还有专家提出了在公共场合使用手机的新礼仪——如今的手机用户就连通话以外的时间都在对着手机讲话。语音识别功能一时成了时代的宠儿；突然之间，电视机厂商也争相涌入，当然更少不了其他手机厂商的跟进。语音功能被炒得沸沸扬扬，似乎我们与电子产品的互动方式已就此彻底改变。

接着又掀起了一轮大力贬斥的声浪。

电子产品资讯网站 Gizmodo，打出了“Siri 乃苹果公司背诺之作”的标题。大家发现，有时在你口述完一段文本后，Siri 会沉思片刻，然后——就没有然后了。已有多名消费者对苹果发起了集体诉讼，指控苹果涉嫌虚假宣传。苹果方面则表示，Siri 还处于公测阶段。

到底是怎么回事？ Siri，这位电子界的救世主哟，怎么会成为如此失败的产品？

所有人都忽略了一项事实：“作为虚拟助手的 Siri”与“作为语音识别引擎的 Siri”须区分看待。就像现实中所显示的，这两种不同性质的功能，迈向成功的轨迹也大相径庭。担当虚拟助手的 Siri，其开发商是 Siri 公司，后被苹果公司收购。（Siri 其实是研究机构 SRI 早年某个军用人工智能开发项目的副产物。这下清楚了吧？）

而听写功能——涉及文本语音转换（text-to-speech）技术——则由美国 Nuance 软件技术公司提供，该公司旗下产品包括语音识别输入软件 Dragon Naturally Speaking 等。

在你口述文本时，Siri 会生成相应的音频文件，并将其发送到 Nuance 公司的服务器上；服务器会对这段音频进行分析，再将转换出的文本返回到你的手机上。Siri 容易在网络信号不佳或手机网络发生拥堵时表现失常，原因就在于此（使用 Wi-Fi 上网时，Siri 的听写功能就会好用很多）。

需要与远程服务器进行数据交换，正是 Siri 的听写功能准确率不尽如人意的症结所在。

语音输入的问题还不止于此。不正常的背景杂音、起风、口部与话筒之间的距离不定，均会增加手机完成文本语音转换的难度——准确率也远不如 PC 版的语音输入软件，后者就完全没有这方面的问题。使用 Siri（还有恐怕更经不起考验的 Android 版语音输入应用）听写出来的文本，平均每段都会出现两到三处错误。

PC 版语音输入软件的表现则好很多——准确率接近 100%，因为它没有这些困扰。经过你的训练，PC 版的语音输入软件可以做到只识别一种声音：你的嗓音。而手机版没有训练功能。声音识别训练所涉及的运算量是远非手机所能负荷的。

这些贬斥的声音并非欲加之罪。我们已经习惯了那些每一次都能正常使用的消费电子技术：电子邮件、全球定位系统、数码相机。依赖于手机上网质量的语音输入技术，性能却时好时坏。这种状况出现在当今时代，难免会令用户感到难以接受。

但我们也别对 Siri 全盘否定。Siri 的“虚拟助手”功能——所有那些设定闹钟、拨打电话、发送短信、安排行程之类的指令——性能就很稳定。哪怕你所用的全是些最基本的指令，像是“X 点叫我起床”“拨打 XXX 的电话”“发条短信给 XXX”“提醒我……”等，也能帮你节省时间、避免错漏。

自由形式的手机语音输入是一项尚未成熟的技术。不过，它在电子产品控制界面领域的应用，让我们看到了语音输入软件的光明未来，一如 Siri 在之前所承诺的那样。不妨等到 Siri 公测结束后再来评说。（翻译 薄锦）

“人肉”小偷侵犯隐私吗

有个家伙偷了我的iPhone。我对他进行了追踪，然后把他的地址发到了网上。这是否侵犯了他的隐私权呢？

撰文　戴维·波格（David Pogue）

2012年夏天，当我登上美国国家铁路客运公司的列车时，根本不知道等着我的会是一段怎样的旅程。

当我在老家康涅狄格州站下车后，发现我的iPhone不见了。但我当时仍存着几分希望。苹果的免费服务Find My iPhone（寻找我的iPhone）可通过GPS、Wi-Fi和手机信息，对丢失的苹果产品进行地理定位。没过几天，Find My iPhone 就发来一封电子邮件，通知我手机已经找到了——地图显示，它就在马里兰州锡特普莱森特市（Seat Pleasant, Md）的一个房屋里。

哦，太妙了。我要怎么拿回一部远在 5 个州以外的手机啊？于是我头脑一热，就去推特（Twitter）上发了条推文，说了我手机丢失的事。“Find My iPhone 显示，它就在马里兰州。有人愿意帮我把它找出来吗？探险开始！”我还附上了一张地图，那枚绿色的定位标记就钉在一个房屋的卫星图片上，一个外形平凡无奇的房屋。

不到一个小时的时间里，帮我寻找手机的消息便传遍了各大博客及推特，甚至登上了国家级的报纸和电视。“波格的手机在哪里”变成了一场高科技的寻宝游戏。

利用 Find My iPhone 所提供的地址，当地警方也介入了此次案件。那个房屋的屋主招认了自己偷窃手机的罪行——当然，他对于警察如何获知他的具体方位，感到困惑不已。然后又过了一天，我便拿回了自己的手机。（我决定放弃提起诉讼。）对我来说，这件事就是这么回事。现代科技 + 警方表现良好的传统动作 = 圆满结局，不是吗？然而对于有些人来说，并不是这样。有很多人都为此次事件感到困扰。他们将我发布窃贼地址的行为，视为对其个人隐私的野蛮侵害。

“这个国家还有没有底线可言啊？”有位读者写道，“波格先生……不仅……将临时的‘代理权’委托给了大众，（为他们）提供了设备所在地的详细地图，还把警察也叫了过去。那里可是他人的私人住宅。这把隐私原则置于何地？”当时我的第一反应是：“等等——我们这是在对小偷表示同情吗？”敢偷别人的东西，不就要冒着放弃部分权利的风险吗？我在推特上发布的内容，跟警察局里印有嫌犯照片的通缉海报有什么区别吗？

当然，具体到这一次的案件，区别就在于：贴出地图、发起追捕行动的一方是我个人，而非执法机关。这会不会构成对小偷个人权利的侵害？会不会导致美国从此沦为一个网民化身联防队员的世界？

这个问题不太容易回答。法律并没有对手机方位信息的获知权做出全面且明确的界定，就连政府或执法机关都是如此。有时候，警方需要申请相关的许可文件，才能要求手机运营商提供这类信息，有些时候就不用。而就我这次事件而言，美国印第安纳大学伯明顿分校的隐私研究员克里斯托弗·索格安（Christopher Soghoian）表示，在这方面我们甚至没有多少法律可以遵循。美国国会在2011年提交了一项法案，简称GPS法案（*Geolocational Privacy and Surveillance Act*，即《地理位置隐私与监督法案》），这项法案肯定会反对这类“查找手机”的服务，认为失窃手机的机主利用地理定位信息协助案件调查是“非法”的。

索格安认为，我有可能违反了州里的某些骚扰或跟踪法规。不过在很大程度上，无论是从法律还是从道德的角度来说，这种委托大众帮我寻找手机的行为，带来的影响都极其恶劣。要是我没有在网上擅自曝出对方住宅的照片就找到了手机，情况还不会这么糟。要是从一开始他就没偷我的手机，或者在偷到后回应了我发到手机上的“拾获者有赏”的短信，情况也不会这么糟。可是结合地理位置追踪和社交网络这两股力量，似乎是种现成的招数，当时的我实在来不及细想。

说到底，这个社会真正需要的，也许是个名为“寻找我的道德指标”（Find My Moral Compass）的应用。（翻译 薄锦）

高清显示屏的尴尬

如今的数码设备，屏幕像素远超以往，但是所有这些视觉享受都是有代价的。

撰文 戴维 · 波格（David Pogue）

苹果的 iPhone 4 将“视网膜屏”（Retina Display）推到了大众面前，世界为之沸腾。科技资讯网站 Engadget 上的一篇评测文章称“世上从未有过画面如此细腻、清晰、赏心悦目的屏幕”。《连线》（*Wired*）杂志则表示“盯着这块屏幕看会上瘾”。

他们所赞叹的对象，正是视网膜屏那极高的像素密度。iPhone 4 的像素密度为每英寸 326 像素（ppi）——人眼在正常视距外观看如此精细的画面时，完全分辨不出屏幕上的像素点。苹果接着又将视网膜屏用在了 iPad

（264ppi）和 MacBook Pro 系列笔记本电脑（227ppi）上。

分辨率大战由此拉开帷幕。三星、诺基亚和 HTC 分别陆续推出了显示屏像素密度为 316ppi、332ppi 和 440ppi 的新款手机。谷歌的 Nexus 10 平板电脑，像素密度甚至超过 iPad，达到了 300ppi。

随后，连电视机制造业也加入了这场大战。厂商们推出了 4K 超高清技术——其分辨率为高清电视屏幕的 4 倍。整整 4 倍！在某种程度上，分辨率的提升的确带来了更好的视觉效果。不过在这句评语旁，还要再加上几句批注。

低分辨率图像在高分辨率屏幕上并不会获得更好的视觉效果。做过 iPhone 应用程序开发的人都知道，低分辨率图像在高分辨率屏幕上并不会得到更锐利的显示效果。在高分辨率显示屏上，手机只是使用了双倍的原始像素而已（低分辨率图像上的每一个像素，在高分辨率屏幕上都变成 4 个像素来显示），这并不会改善图像的锐利度。

事实上，它们的视觉效果反而更差。你或许还记得，高清电视机（HDTV）刚上市时，播放标清信号的画质还不如标清电视机（现在还是这样）。猜猜看，电视机之外的其他屏幕会怎样？当然也会有同样的问题。

理论上来说，由于像素提高 1 倍，标准分辨率的图像在高分辨率屏幕上显示时锐利程度并不会下降。然而，许多 MacBook 用户沮丧地发现，视网膜屏出现之前的图像显示在视网膜屏上时画质更差。这或许是因为标准屏会自动平滑相邻像素间的差异，而在视网膜屏上，这种差异变得微乎其微，导致精妙的平滑渲染技术再无机会一显身手。

整体而言，这一问题在世界上最大的应用程序——互联网上表现得尤为显著。为视网膜屏重新设计的网站少之又少，所以在视网膜屏上浏览网页上的图像，画质通常都很糟糕。

更大意味着更慢。如果网站设计师们真的着手设计了高分辨率版本的网站界面，那么网站所用的图像文件就会变得更大，加载速度也会跟着变慢。

在网络流量按兆字节（MB）计费的手机和平板电脑上，打开这样的网站会让用户花费更多的钱。我们真的想用更长的等待时间、花更多的钱，来浏览那些图像更锐利的网站吗？难道就没得选吗？

我们都已经被运营商们强行设定了每月数据流量上限。莫非我们就那么想让一个又一个高分辨率网站，每个月都消耗我们 4 倍的网络流量吗？

文本应该可以自动实现更锐利的显示效果，但这是有条件的。刚才所说的图像显示问题并不会出现在文本的显示中。文本不是图像。但凡程序或网页要显示文本时，苹果针对视网膜屏专门定制的软件均会自动向你的显示屏输出极为锐利的文字。

不幸的是，上面这句话只有在软件开发公司使用苹果给定的文本处理程序时才成立，并不是所有软件公司都会这么做。比如，用 Adobe 的排版软件 InDesign 制作出来的文档，文本显示效果就一塌糊涂。

4K 电视信号播送？洗洗睡吧。把电视机屏幕视网膜化的想法更是格外荒谬。不会有哪家有线或卫星电视运营商愿意发射 4K 电视信号，因为一个 4K 电视信道所需的带宽足够用来发射 4 个高清频道。为了节省带宽，运营商们都已经开始发射低分辨率的高清电视信号了。

4K 视频所需的数据量也大大超过了 DVD、蓝光光盘或者网络流媒体的承载能力。那你在 4K 电视机上还有什么可看的？

购买索尼 84 英寸 4K 电视机的用户，可以从索尼公司那里租借一块硬盘，里面储存着 10 部索尼自己制作的 4K 影片。

难道我们就只好这样？把几块硬盘寄来寄去？

进入超高清时代所需的硬件设施已经就绪。现在我们需要想清楚的问题是：在手机、网站和电视机上，如何把那些高分辨率的内容全部“塞进去”。（翻译 薄锦）

充满变数的谷歌眼镜

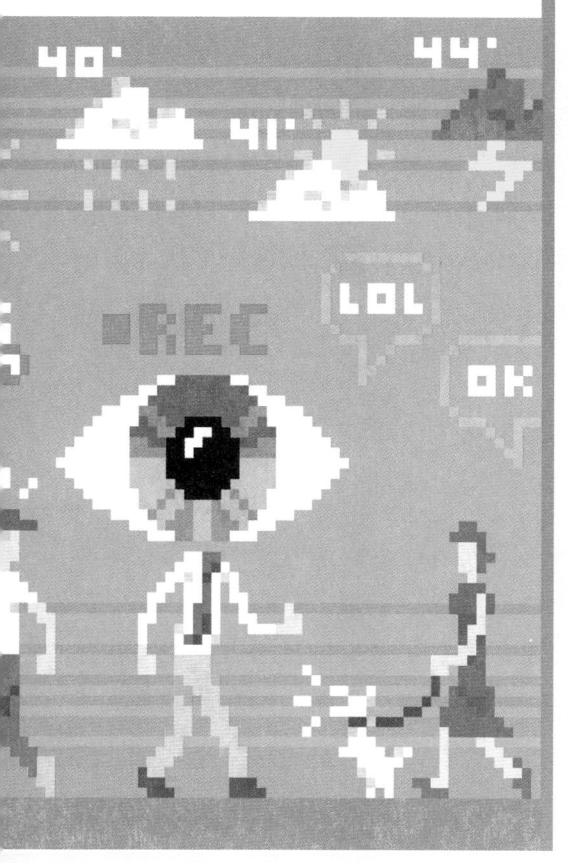

穿戴式的眼镜型电脑将记录下你所看到的一切。对此，我只能祝福你真能找到愿意跟你当面交谈的对象。

撰文 戴维·波格（David Pogue）

任何一项新技术在一开始都会引发大众的不适。人类社会曾经用了很长时间，才接受了手机的普遍使用。在手机之前，则是电视机；电视机之前，又有拖拉机。所以，当许多人对谷歌眼镜（google glass）表示嘲笑和蔑视时，我只是翻了翻白眼。“又来了，”我心想，“就是对新技术的下意识排斥嘛。”

其中大家最担心的问题，似乎是注意力的分散。谷歌眼镜采用了眼镜式的外观，只是拿掉了镜片，看上去就像横在你前额上的一根头带。只要轻触耳机，你便可通过语音指令进行操作，让它完成通常由智能手机处理的那类任务，比如设定日历提醒、寻找附近的寿司店等。这就是我们所要的，对吧？在开车的同时，阅读文字，观看影片；和他人面对面交谈时，浏览邮件，从而进一步拉低“无礼”的底线。

这些担忧完全是误入歧途。当我终于有机会试戴一下谷歌眼镜后，我发现，这副眼镜根本不会在你眼前形成任何遮挡。你还是会在与人交谈时与对方眼神交会。你还是会看到眼前的路面。谷歌眼镜的屏幕，小到根本不会遮挡你的正常视线。

在那些恶搞的模拟视频里，人们戴上谷歌眼镜后，做任何事时，都好像是透过一块布满警示与广告信息的屏幕窥伺世界的样子。然而事情并非如此。你只需时不时地抬眼瞄一下谷歌眼镜的屏幕即可，和你查看手机屏幕时的情形并没有什么不同。但你不必低头，不必在口袋里乱翻，所以你反倒可以宣称，它能减少注意力的分散。几乎可以将双手完全解放出来的谷歌眼镜，应该会给人无可比拟的便利感才对。

即便如此，谷歌眼镜要获得大众的普遍接纳，恐怕仍有一场硬仗要打。问题并不仅仅在于售价，也绝不只是因为这又是一件需要每天都充电的设备。

是的，这些都不是问题。真正的难题其实是谷歌眼镜佩戴者的自我优越意识以及由此给非佩戴者带来的严重不适。过去一年里，只有谷歌公司的员工和社会名人有机会戴上谷歌眼镜。可是，当我在公众场合走近一位戴着谷歌眼镜的谷歌员工，与之展开交谈时，我们之间的互动体验带给我的强烈不适感简直让我抓狂。

她就站在那里，戴着那根外观令人戒备、伪未来主义感的（faux-futuristic）

“头带”——内置一个对准我面部的摄像头。我唯一知道的是，它一直在对着我拍照。我本来以为，谷歌眼镜在拍摄时，应该会亮起一个小小的显示“拍摄中”状态的指示灯。可是，这位谷歌员工戴的是一件工程样品，而不是最终的成品。在这里插一句，开发一款不会激活拍摄状态指示灯的拍摄类应用程序，大概需要一个人一天左右的时间。

这就为谷歌眼镜佩戴者赋予了控制地位。他们可以拍摄图片和视频，发布到互联网上，甚至不排除利用面部识别应用程序，在人群中探知陌生人身份的可能。

早在谷歌眼镜正式发布数月前，美国西雅图一家酒吧就明令禁止佩戴谷歌眼镜的顾客入内。这家酒吧的老板告诉当地电台的工作人员，他的老顾客们“实在不想被人偷拍或偷录，并把照片或视频传到网络上”。

你也许喜欢出现在镜头里，也许不喜欢。但不管是哪种情况，现代社会的预设前提是，你知道自己正在出镜。而有了谷歌眼镜以后，没有谁会再手持一台摄像机或一部手机对着你。你再也不会知道，你的交谈对象是不是正在对你拍照。这违反了一条不成文的社交规则。我不喜欢这样。我只想让那位谷歌员工把那副该死的眼镜摘下来。

所有这些因素就可以解释，为什么有些网民会给这款特殊眼镜的佩戴者们起了一个专门的诨号——“Glasshole”。如果谷歌不小心行事，这款眼镜最终势必重蹈“赛格威”（Segway，一种电动的个人用运输载具，曾经一度被认为是划时代的科技发明，但由于诸多现实因素，上市后市场反响并不如预期）的覆辙。那样的话，它虽仍不失是一项震惊世界的科技成果，然而由于在公众场合佩戴时引发的无尽尴尬和令人侧目的自我中心感，最终只能沦为“神龛上的摆设”。（翻译 薄锦）

机器识别的迷梦

完美认知型计算机的美梦，何以一次又一次令我们心碎。

撰文 戴维·波格（David Pogue）

各大电子产品博客或许陷入了对像素和处理器速度的狂热追求中。但要说到真正令大众眼花缭乱的东西，不妨想想一项极少被大家提及的技术——对现实世界中图像和声音的机器识别（machine recognition）。

该领域的成功案例标志着运算与软件的胜利。笔记本电脑和台式电脑上的语音输入，准确率高得惊人。触摸屏所用的手势操作，基本上都很有效（毕竟要识别的动作就那么几种）。微软公司为Xbox游戏机推出的Kinect

和三星公司出产的一些电视机，已经为我们带来了人体动作识别的功能。Windows 7 和 Windows 8 的手写识别也堪称亮点，无论是印刷体的文字还是手写的潦草字迹，均可成功识别。

音乐雷达（Shazam）、音乐猎手（SoundHound）等手机应用程序，能够识别出正在播放的流行音乐，并显示出对应的曲名、演唱者和专辑名。谷歌公司为安卓手机和苹果手机开发了一款名为“谷歌护目镜”（Google Goggles）的应用程序，只要拍一张图书封面、DVD 包装盒、酒类标签或画作的照片，该程序就会立刻为你呈现通过谷歌搜索相关物品的结果。

软件甚至可以识别视频中的人脸，YouTube 的版权保护算法也能将你上传的视频，与已知的受版权保护的资料进行比对，确保你发布的视频不是出自某部影片。

这一切简直神奇极了。这些应用程序在表现良好的时候，对声音、图像和动作的识别，看起来真如魔法一般。不幸的是，这一点被营销人员发现并充分利用。他们向消费者介绍各种计算机识别功能时，说得简直天花乱坠，而事实上，这些功能的稳定性简直堪比冷核聚变。

数十年来，我已经多次遭受一种只能称之为“识别失败心碎综合征”（recognition-failure heartbreak syndrome，缩写为 RFHS）的痛苦。厂商承诺的人类指令识别功能，吸引我买回他们的产品，结果这些产品的实际表现根本不值得你放在心上。

还记得声控灯吗？我上中学时就买过一只。有时候，只要拍一下手就能把灯打开，但有时候就得拍许多下。我还买过一只口哨开关。它可以通过声音识别——一声尖锐、急促的口哨——打开电子设备的电源。好吧，开灯，很好，灯亮了——但是还触发了电水壶、吱嘎作响的仓鼠转轮，还有响亮的喷嚏。我也曾上过苹果公司早年推出的 Newton 的当，这是一款售价为 700 美元的手写识别设备，结果每使用 5 次，大概只有 2 次能正常工作。

三星公司曾反复承诺，他们的 Galaxy S4 手机可以将输入的语音片段翻译成另一种语言，就像电影《星际迷航》中展现的那样。根据他们的描述，只要手握这部手机，伸向一位用法语询问“Où sont les toilettes?”的人，它就会大声播放出相应的翻译：“洗手间在哪里？”

可事实上，三星只是在一种语音识别技术的基础上，增添了另一种不成熟的识别技术而已。这款智能翻译应用程序名叫 S Translator，它甚至听不懂英语以外的其他语言的发音，更别说把非英语的句子翻译并转换成英语表达了。我猜测三星公司自己也很清楚这一点。如果 S Translator 真那么好用的话，必然会成为宣传文案上的加粗标题，而不是在列举新功能的时候一句带过。

我们还要失望多少次，才会开始放弃这些特性？我们还要打回多少种产品，才能让厂商在多少打磨一下这些技术后，再大肆宣扬他们那“奇迹般的”功能？

我对此是深表同情的——基于软件的识别技术并不容易。这可不像把统计报表中的数字加起来那样有唯一正确的答案。你要求软件处理的，是一些模糊、不确定的输入变量——声音、图像、动作、潦草的字迹，这就是识别技术无法做到百分百准确的原因所在。需要处理的对象本来就不一致，难怪各种识别技术总让我们失望。或许再过几十年，会有更精密的传感器、更快的处理器、更大的数据集和实验，最终我们将从持续的“识别失败心碎综合征”中解脱出来。与此同时，或许 IT 企业和消费者都应该加强一下自己的认知：让机器识别我们的现实世界，的确令人心潮澎湃，但在眼下还只是一种期待。（翻译 薄锦）

手机代替记忆？

我们随身携带的智能手机，是否已经让记忆力变成过时的技能？

撰文 **戴维·波格（David Pogue）**

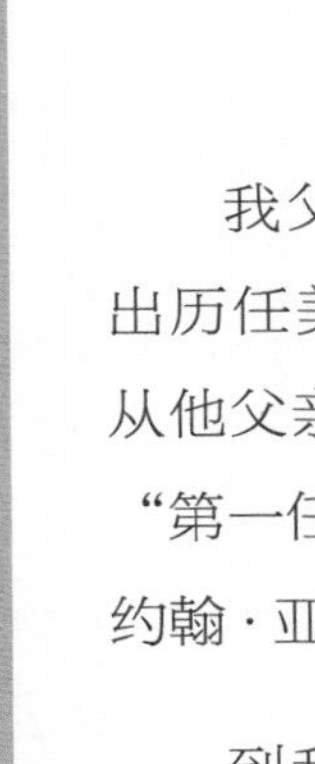

我父亲小的时候，只要能背诵出历任美国总统的完整名单，就能从他父亲那里得到 25 美分的奖励。“第一任，乔治·华盛顿。第二任，约翰·亚当斯……”

到我这一代，父亲也和我达成了同样的“交易”，并把奖励提高到 5 美元。至于提高奖励金额的原因，我父亲的解释是“因为存在通货膨胀，而且现在的总统名单更长了”。

2013 年，我也曾悬赏了 10 美元，让我的独生子为我做同样的背诵展示。可是，我儿子却回以一脸困惑——为什么要背下这么一长串总统的名字？他争辩道，如今这个年代，“人人都有智能手机”，而且会一直这样用下去。

他说的很可能是对的。

2013 年第二季度是个转折点——智能手机的销量超过了普通手机，这是有史以来的第一次。换句话来说，在衣服口袋里随身携带一台小电脑，已经成为一种常态。只需简单点击一下，就能看到谷歌搜索结果。所以，至少在我儿子看来，实在没什么必要去记住许多东西，比如总统名单、化学元素周期表、各州首府，或者 10 以上的乘法表。

对此，我们这一代家长的反应恐怕可想而知——沮丧和失望。我们往往会这样说：“现在的小孩子啊！或许我们不该把所有事情都变得太简单？如果他们没有储备足够的基础知识，又怎么能把新的信息融入自己的知识体系呢。”

这种观点可以理解。但另一方面，也存在一条有力的抗辩：随着社会不断进步，我们会逐渐抛弃一些过时的技能。这是历史进步的一部分。既然我们都不怀念铸字排版术、摩尔斯电码表，或者操作电梯的诀窍，那又何苦要哀悼记忆力的退化呢？

也许记忆力不同于那些职业性的技能。也许对既有知识的储备更为基础、更为关键，需要我们拿出更积极的态度来保住这一技能。

但在此之前，我们就面临过同样的难题——至少是极为类似的难题。便携式计算器开始大行其道的时候，教育工作者和家长们也曾百般担忧学生的笔算能力会有所退化。当时，我们施行基础数学教育已有数百代人的时间，我们是否已经准备好将这门专业技能交托给机器了呢？

是的，那时我们就准备好了。时至今日，几乎全美的所有院校都允许学生在教室里使用计算器。学校甚至允许——事实上根本是鼓励——学生在SAT（编者注：Scholastic Assessment Test，学术能力评估测试，俗称“美国高考”）考场上使用计算器。

最后，我们推论出（也可能只是使之合理化），决定性的技能乃是分析和解决问题的能力，而非基础运算。反正计算器会一直存在于我们的生活中，那为什么不用它完成那些繁冗的计算工作，为学生留出更多的时间，学习更为复杂的概念，钻研门槛更高的难题呢?

同样的道理，说不定我们很快就会得出结论，认为单纯地熟记基础知识不再是现代学生的学习任务之一。说不定我们应该用智能手机调出必要的相关资料，然后让学生把精力集中在培养分析能力（逻辑、阐释，以及创造性地解决问题）和个人能力（积极性、自控、宽容）上。

当然，这是有限度的。任何时候，我们都需要记住一些信息，比如最基本的运算规则、常用单词的拼写、自己居所的周边环境等，否则，如果每天都要查询这些信息，那也太愚蠢、太浪费时间了。如果没有熟记这些信息，我们在自己的工作、人际关系和交流中，也就干不了多少事情了。

不过，不管乐意与否，我们或许都得承认，除此之外的其他信息恐怕很快就会迎来与书法、卡片目录和长除法相同的命运。至少在我们还没有某种更先进的技术可以将信息直接植入大脑之前，当我们需要获取某些深奥的基础知识时，就只管拿起自己的手机吧。（翻译 薄锦）

专心开车，发什么短信

◎ **一些手机应用试图利用语音操作，为驾驶者带来更安全的信息发送体验，但它们失败了。**

撰文 戴维·波格（David Pogue）

最有意思的科技发展，绝非数码产品本身，而是这些数码产品对社会造成的影响。

举个例子，尽管手机革命全面展开已有数十年之久，但我们仍在不断摸索该如何将手机融入我们的生活。在公共场合接听和拨打电话，应当遵守哪些准则？在用餐期间收发电子邮件呢？还有最重要的，在驾车期间使用手机呢？

前不久，我写了一篇文章，谈及摩托罗拉的新款手机 MotoX。这款手机就像当今的大部分手机一样，你也可以通过语音来操作它：为你朗读新短信的内容（然后利用语音识别输入回信内容），查收电子邮件，拨打电话。不过，这款手机的功能不止于此——你甚至连一个键都不用按，就可以启用语音控制模式。你只需说一句“OK, Google Now”。这款手机随时都可以接收语音指令，你完全不用触碰它，连看一眼都不用。

显然，这是朝着提升安全性的方向迈出的一步——我曾经这样断定。你完全可以将手机搁在车内的杯架上，双手始终放在方向盘上，双眼始终盯着路况。

不过，不少读者对此表示非常“吃惊”。其中一条代表性的评论写道：“你这是在宣扬驾车时对着手机说话比用手操作手机更安全的谬论。相关研究告诉我们，无论驾驶者的双手在不在方向盘上，双眼注视的是屏幕还是路面，在驾车的同时使用手机，都会比酗酒或吸毒后驾驶导致更多的交通事故。你的脑袋里到底在想些什么啊？！”

我一直以为，在不动手操作的状态下发送信息肯定更安全。毕竟，你得盯着屏幕才能用手打字。你低头看手机时，等于在盲驾一颗速度超过 100 千米每小时、重达 2 吨的“炮弹”。

另外，我的读者们所引用的那些研究，测试的行为是分别在手持和免提状态下通话。据我们目前所知，这两种做法同样危险。导致交通事故的并非手持手机这一行为本身，而是分心。从这方面看，美国有 11 个州通过法律强制驾驶者使用免提方式的做法纯属浪费时间。

但是，这些研究并未涉及我们在此讨论的主题——语音发送信息与手动发送信息的安全性对比。

显然，无论我们如何大力提倡，无论有多少个州立法禁止（截至 2013 年 12 月共有 41 个），还是有人会在驾驶时用手机发送信息。这就跟向未成年人发放避孕套，向吸毒成瘾者发放干净针头的道理是一样的。没错，我们当然更希望未成年人不要发生性行为，吸毒者不要采用静脉注射，但是，他们当中总有一部分人还是会这么做。那么，如果能让他们的危险行为更安全一些，又有什么不好呢？

不过，接下来发生的一些事改变了我的想法。研究人员终于史无前例地将免提发送信息与手动发送信息进行了比较。

美国得克萨斯州农工大学交通运输研究所（Texas A&M Transportation Institute）研究了在3种状态下——手动发送信息、通过语音发送信息（使用iPhone上的Siri，或安卓手机上的Vlingo）以及完全不发信息，沿闭合路线驾驶的受试者。

研究结果出乎我的意料，也令我感到困惑。不管是手动发送信息，还是通过语音发送信息，结果似乎并没有什么差别。研究人员说："无论采用哪种方式发送信息，受试者的反应时间都会明显延迟。"在这两种情境下，驾驶者在发送信息时做出反应的时间，都比不发送信息时长了一倍。令人惊讶的是，在此期间，他们用于关注路面情况的时间也会有所缩短，哪怕是在通过语音发送信息时。

这并不符合直觉判断。通过语音发送信息似乎应该比盯着手机看更安全。更何况，相关研究仅此一项，并且仅收集了43个受试者的实验数据。

但如果该研究的结果确实反映了现实情况，那我就在这里书面承认：我错了。

我们已经知道，在免提状态下使用手机通话，与在手持状态下通话的危险性是相当的；而今，我们在通过语音发送信息的问题上，也得到了同样的结论。你在驾车期间，就不应该用手机发送任何信息。你家的孩子也不应该。当然，我也不应该。

这也是我最后一次支持语音发送信息的功能。（翻译 薄锦）

且十分庞大的手机。

第三个问题则是布局。智能手机需要在有限的空间内容纳多种组件。天线放在哪里才能确保最好的信号接收效果？扬声器摆在哪里才能获得最佳的音质？现在的智能手机工程师们在组件布局问题上可谓绞尽脑汁。Phonebloks 在模块排列问题上的自由发挥，则会让你在品质、便利性和速度上蒙受巨大损失。

第四个问题在于经济性。所有电信运营商们都乐于看到我们每隔一年就丢掉旧手机。事实上，让我们受制于一两年就换一次手机的服务合约，正是他们的商业模式。他们为什么要支持任何可能妨碍他们从“羊群”上薅羊毛的新趋势呢？

最后一个问题是美感。谁会去买视频中展现的那部体形庞大、四四方方、灰不溜秋、全直角设计的原型设备啊？

或许，你会赞赏 Phonebloks 的概念，希望拥有更多主导权，更大程度地节省开销，降低自己弃旧换新的罪恶感。不幸的是，为此你得付出相应的代价——你的手机会变得又大又沉、又慢又热、又难看又不经用。一些分析师甚至断言，如此反而会制造出更多的电子垃圾，因为消费者会更频繁地丢弃更多的模块。

关于废弃手机的问题，倒也有些好消息。各种迹象表明，智能手机已日趋成熟。每年面世的新型号，性能提升带给用户的惊喜感越来越少。如今，iPhone 与三星手机之间决定性的差异，更多是来自它们各自所用的软件——而废弃的软件是不需要垃圾掩埋区来处理的。

即便如此，频繁更新换代和产生电子垃圾仍是两大令人头痛的问题，而 Phonebloks 绝不是一种有效的对策。不过，至少它让大众开始关注现有的消费类电子产品的循环机制，以及这种机制究竟糟糕到了怎样的地步。（翻译 薄锦）

科技公司，你还信吗

科技公司的允诺也许非常美好，可我们怎么知道，他们会不会出卖我们呢？

撰文 戴维 · 波格（David Pogue）

2013 年 10 月，电信运营商 T-Mobile 发布了一条震撼业界的消息：从即刻起，当你在美国境外使用 T-Mobile 的手机网络时，将会获得不限条数的免费短信和不限流量的免费网络。拨往任何国家的电话，均按每分钟 20 美分计费。

T-Mobile 公司的新套餐改变了一切。它结束了出国就要把手机设成飞行模式，以免遭遇传说中的 6,000 美元天价账单的时代。我原以为，我的读者

们一定都会欢欣雀跃，但是却有人表现出截然不同的反应，人数多得出乎我的意料。“我为什么要相信他们？”他们写道，“电信运营商已经欺骗我们很多年了。”

这并不是科技公司给出的允诺第一次遭遇用户的质疑。当苹果公司给 iPhone 5S 的“Home”键加入指纹扫描仪时，你大概以为大众的反应会是：“哇，那要比一天被迫输入 50 次密码快得多啦！”可事实上，大家的普遍反应却是：“哦，行啊。这下苹果公司就能把我的指纹交给美国国家安全局（NSA）了。”

真的吗？你对首部配备了实用的指纹扫描仪的手机，就是这样的反应吗？

这倒也不是多么不合理的事。

在美国，科学技术一度受到大众的普遍尊崇。我们对第一台收音机、第一台笔记本电脑、第一台平板电视啧啧称奇。那时的科技公司都是蓝筹股。一名任职于 IBM 公司的男士简直就是大家心目中的金龟婿——受人尊敬、被人重视。我们为我们的科技实力和业内的龙头企业感到骄傲。

时至今日，事情却变得不那么简单。我们的科技公司正在面临信任危机。

这完全是这些年来他们自己一手造成的。谷歌公司推出 Gmail 时，就考验了大家的隐私底线——为你推送与你的邮件内容有关的广告。尽管扫描你的邮件内容的是软件算法，而不是真人，但这似乎并没有让用户感到安心。

随后，一个研究小组发现，在你同步 iPhone 时，你的电脑会下载你手机上的地理位置变更记录，只要通过简单的指令，就可以访问相关数据（苹果公司很快修补了这一漏洞）。2010 年，巴诺书店（Barnes & Noble）在其电子阅读器 Nook 的产品说明中，标称的重量比实际重量低；2011 年，又夸大了 Nook 的屏幕分辨率。于是一时间，就连产品的规格参数都变得不再可信。

接着又传来消息称，NSA 通过微软、谷歌、Facebook、苹果等公司，收集用户的电子邮件、聊天记录以及其他数据。这些公司承认，他们会配合美国政府偶尔提出的个人数据调用要求，但又坚称他们绝不会向 NSA 提供样本数量更大的数据。你觉得，他们的声明能让大众对这一消息多少放心一点儿吗？

当然不会。我们是人。我们会从现象中归纳规律。每一条新的头条报道，都会进一步瓦解我们对整个科技商业体系的信任。

当今时代，科技公司尽力尊重——或者起码会去迎合——大众的顾虑。比如，苹果公司在最新版的 iPhone 软件中，提供了一整套开关选项，数量之多简直令人瞠目结舌，而每一个开关都对应着一款可能需要获取你的地理位置信息的应用程序。

可惜，这恐怕已经太晚了。这些公司的产品实在太复杂了。个人用户根本无从验证，软件的实际运行情况与我们所想的是否真的一致。我们怎么知道，iOS 7 里的那些开关是不是真的生效了呢？

每当一家公司遭到曝光时，我们都只能假定，这不过是冰山一角。这些公司恐怕要用好几年的时间，才能重新获得我们的信任。

不过，这种“我再也不信他们了”的声音，我们听到得太多了，而且这也不是科技公司独享的“待遇”。曾几何时，我们不也一样学会了不再信任美国的政府、美国的警察、美国的医院、美国的报纸、美国的药物，还有——老天作证——美国的电话公司吗？

这实在不妙。猜疑意味着充满戒备的生活，意味着精神能量持续消耗，意味着安全感缺失以及幸福感下降。并且，当终于有一家科技公司传来真正的大好消息时，我们可能已经再也无法感受到那种单纯的喜悦了。（翻译　薄锦）

电子
阅读器困难重重

电子书远未成熟到可以取代纸质书的程度。

撰文 戴维·波格（David Pogue）

2010年夏天，亚马逊公司公布了一个惊人的消息：它销售的电子书数量首次超过了精装纸质书，而且这个势头一直延续下来。

现在看来，这条新闻还应该配上至少半页注脚：亚马逊提供的仅仅是电子书与精装书销售量的相对比例，而不是实际成交额；它也没有提到最畅销的电子书仅售10美元，相比之下，同一本书的精装本可以卖到25美元；亚马逊对占绝大部分销售量的平装书也只字未提。

从另一方面看，这条新闻似乎宣判了纸质书的死刑，我们文化的一缕灵魂也将随之而去。手捧厚实图书的满足感，翻过书页的乐趣，在地铁里吸引眼球的漂亮封面……这些都将不复存在。但是，现在为纸质书准备葬礼还为时过早，原因有三。

首先，人类总是低估实现想象中的技术所需的时间。2001 年已经过去很久了，但我们仍不能像《2001：太空漫游》描写的那样轻而易举地在星际漫游。而按《终结者》的说法，政府的天网计算机早在 13 年前就应该接管我们的核武器了。如果要让《银翼杀手》里 2019 年的黑暗社会变成现实，我们还得大幅加快科学进步的步伐。

其次，当这些技术变革真的发生时，人们往往不会完全抛弃现有技术，而是让新旧技术并存。电视没有像大家预想的那样消灭无线电广播，电子邮件也没能彻底取代书信，无纸化办公也许永远实现不了。基于同样的理由，电子书也无法完全取代纸质书。

最后，电子书还面临着第三个问题：电子书技术自身并不成熟。

如今在美国可以从各处买到电子阅读器，亚马逊、巴诺书店、索尼等。阅读器价格也经历了大跳水——2007 年买一台 Kindle 要花 400 美元；而如今升级版的价格也比这低得多。

但是，阅读器的价格还是很高，你会因为它们丢了或者被偷而郁闷不已。它们还比纸质书脆弱得多。而且当电池耗尽时，你就会无书可读。

还有一个因素是，大多数电子阅读器采用了电子墨水屏幕（e-ink）。电子墨水看上去像是浅灰色纸上的黑色墨迹。它不需要背光，也不刺眼，甚至不需要关机，因为电子墨水只在翻页时耗电。电子墨水屏幕在翻页时会产生一个短暂的电荷力，把数百万小颗粒排列成字母的图案。这个图案会一直保持，取下电池也不会消失。

但是电子墨水的缺点是反应慢。屏幕在翻页的时候需要先擦除上一页的内容才能显示下一页，因此会产生恼人的“黑—白—黑”闪烁。在某些阅读器上，这会花掉整整一秒。要是你正读到这么结尾的一页，“他把引爆器从燃烧着的残骸中扯出来。现在只有一样东西可以拯救人类了，那就是……” 这种中断就令人抓狂了。

然而，最大的问题还在于电子书自身。出版商坚持电子书必须具有防拷贝保护功能。可以想见，不同的公司会采用不同的防拷贝保护方案。这意味着你无法在巴诺书店的 Nook 阅读器上阅读 Kindle 电子书；也不能在 iPad 上阅读索尼阅读器格式的电子书。

今天我们可以阅读 200 年前的纸质书。但是在 200 年后，甚至仅仅 20 年后，能够阅读现在的电子书的概率几乎为零。

显然，你没办法把一本读过的电子书赠送给孩子，也没法送给朋友。你不可能转卖或者送出电子书。这种情况看上去并不合理，为什么不能像实体书那样把一本电子书传递下去呢？你一样为它付了钱，不是吗？

毫无疑问，电子书的销售量还会继续攀升。显示屏技术也会不断进步，价格也会越来越低。理论上，那些信奉勒德主义（勒德主义者：19 世纪初英国手工业工人中参加捣毁机器抗议资本家的人，现在引申为反对技术进步的人）的出版商们在防拷贝保护上也有可能放松限制。

在今天打出“纸质书已死”这样的标题，还为时过早。（翻译 王超）

密码无须处处有

在一个被各种荒唐的安全政策所淹没的世界里，很高兴还能看到几座理智的岛屿。

撰文 戴维·波格（David Pogue）

安全很重要，但搞清楚安全的动机并在安全性与便利性之间做出取舍也同等重要。

大家好像都没怎么琢磨过密码这东西。毕竟，密码的用途挺显而易见的，不是吗？你需要给银行账户设个密码，好让别人用不了你的钱。你需要给电子邮箱设个密码，好让无关人士无从获知你的内部资讯。

不过让我惊诧的是：女儿告诉我，她们学校刚制定了一项新的安全措施。该校学生今后所设的密码，最短必须为 8 个字符，其中必须同时包含字母、数字和标点符号，且不得出现任何一个英语单词的拼写组合。系统还要求学生每 30 天就得重设一组新密码。

你能猜到这组密码是用来保护什么内容的吗？给小学五年级学生下载家庭作业的网页。

没错。以上所有的不便和麻烦，都是为了确保学生们这星期的阅读书目不会被某个变态狂看见。

接着是我最近合作过的一家影视制作公司，他们雇用了一名新的技术人员。此人入职后干的头一件事，就是声称公司的现有网络并不安全。他规定今后将不再由公司员工自行设定密码，而是由他提供。新密码长达 12 个字符，由英文字母随机组合而成，并且每个月都要更换。他还屏蔽了聊天软件、电邮附件和 YouTube。

那么这家制作公司变得更安全了吗？这还真不好说。他们还没碰到过任何黑客入侵事件——当然，在这以前他们也从来没碰到过。不过变化还是有的。如今，他们的员工都在手机上看 YouTube 网站的影片，用 Gmail 获取附件，在即时贴上记下自己那串背都没法背的密码并贴到电脑显示器上。劳苦功高啊，安全哥。

当然，我要说的是：安全很重要，但搞清楚安全的动机并在安全性与便利性之间做出取舍也同等重要。那些无关紧要、不具危害性的单位机构，有时被当成诺克斯堡（美国的国家金库所在地）一样严防死守，到头来挨整的不是别人，反而是他们的合法用户。而另外那些单位机构，像索尼、花旗银行、洛克希德 · 马丁公司，又显然防范得不够（就在 2011 年春天，这几家的计算机系统都遭到了非法入侵）。

其实还是可以设计出一套兼顾安全性与便利性的系统的，只要你有些脑子。比方说，你如果以奥米尼酒店“特许宾客”常住计划会员的身份在他们那里订了个房间，只要直接前往酒店柜台说出你的名字便可登记入住。他们会把房间钥匙交给你，并对你说：“晚上好，XXX。祝您住宿愉快。”

他们不会要求你出示身份证。他们不会说：“请让我登记一下您的信用卡，以便结算额外费用。”他们不会在电脑键盘上敲上5分钟。他们不会问你任何问题。没有任何形式的审核。他们只是为你准备好房间钥匙，然后直接交给你。

他们怎么能用这么松懈的安全措施蒙混过关？难道就不会有什么坏人假扮成你冒领钥匙，爬上本属于你的酒店房间内的大床？

在奥米尼酒店简捷入住服务的历史上，从来没有发生过类似的状况。原因何在？因为坏人并不认识你，并不知道你在酒店订了个房间。就算你真的发现有人占用了你的房间，只需出示一下身份证，所有问题便迎刃而解。

我还可以再举一个例子：你在苹果的在线Mac应用程序商店购入一个程序后，该程序将自动下载并安装到你的Mac系统里。系统不会提示你输入系统密码，你无须点击任何安装窗口，没有任何有关软件下载自互联网的警报。

难道苹果不更应该为安全性担忧吗？不需要，因为他们是动过脑子的。交易的双方均处于他们的控制之下。他们并不担忧病毒和恶意软件的存在，因为这是由他们自己提供的软件。他们也没有必要询问你是否想要安装软件——你当然要装。（不然你买它干什么？）

换句话说，无论你是管理员、设计人员还是消费者，都值得考量一下安全性与便利性的取舍问题。密码有其用武之地，但不是随时随地。（翻译 薄锦）

电脑里的幽默精神

程序员们还在往日常的软件里塞入幽默的宝藏。

撰文 戴维·波格（David Pogue）

谷歌地图的测距单位选项提供了3套体系：公制、英制与“极客制”（I’m Feeling Geeky）。如果点击第三个选项，你会得到一长串……呃，不怎么常见的单位列表，包括秒差距、波斯腕尺、奥运会游泳池等。

还有苹果Mac OS X的语音朗读功能，能让你从数十种不同的真人嗓音中任选一种为你的Mac配音。每种嗓音都会念出一句搞怪的示范台词。

Fred 的嗓音会说："我当然乐意进驻这台美妙的电脑内部。"抖抖索索、半神经质的 Deranged 嗓音会说："我需要去度个大长假。"听起来就像外星人的 Trinoids 嗓音会说："我们无法与这些碳基单元交流。"

在 YouTube 网站上，如果你暂停播放当前视频，同时按住键盘上的"向上"与"向左"两个方向键不放，就能调出一个贪吃蛇的神秘游戏来。试着用方向键控制这条蛇，让它越吃越大吧，千万小心别吃到自己身体了。

以上各项应用中，这几支大型开发团队的程序员向我们展示了他们幽默的一面——这种幽默感通过了委员会的审核，得到了律师的放行，最终呈现在大家眼前。

想当年——10 或 20 年前——这类在软件中投入的娱乐精神更为普遍。众多软件工程师均以在自己的代码中嵌入千奇百怪的笑料、奇思异想和复活节彩蛋（用超乎想象的按键组合触发的隐藏惊喜）为傲。一部分是出于单纯的骄傲。软件彩蛋常会罗列出开发人员名单——要知道程序员的名字通常不会出现在公众的视野里，甚至不会出现在用户指南里。

深埋于软件内部的幽默，甚至还包含着一些特殊的调侃。譬如在 Palm Pilot 的原生系统里，程序员罗恩 · 马里亚内蒂（Ron Marianetti）就编了一段程序，创作出一个出租车的动画形象，其车型酷似大众的甲壳虫，会冷不丁地在屏幕上疾驰而过——意在纪念 Pilot 的原用名 Taxi（出租车）。

公司另一角，他的同事，工程师克里斯 · 拉夫（Chris Raff），则在该系统内嵌入了一枚自己的彩蛋。如果你用触控笔点住屏幕手写区右下角不放，同时按下一个方向键，屏幕上便会无厘头地跑出一张拉夫与一个朋友在 Palm 公司年度圣诞晚会上身着晚礼服合影的照片。

硅谷的公司头头们倒是及时地对这种在软件里暗藏玄机的行为蹙起了眉头。部分原因在于质量管理：根据定义，软件彩蛋是一项未经测试的功能。

就像一门没有拴牢的大炮，彩蛋在理论上可能干扰到程序中其他更为重要的部分的运行。这一点令大佬们感到不安。

再有就是员工保留的问题。程序员在自己的程序里编入自己的名字时，就其本质而言，等于是在广播自己的技术能力。他们的名字会明明白白地摊在敌对软件公司的猎头面前任其掂量。

最后一点则单纯出于公司形象的考虑。一家像苹果、微软或是 Palm 这样的公司，都会砸下数百万资金打造自己在公众眼中的某种专业形象。要是在一场重要的发布会上，有辆不成体统的出租车在屏幕上跑来跑去，那可不是它们愿意看到的。（这样的事还真让 Palm 公司给碰上了。于是这枚出租车彩蛋很快便被清理掉了。）

如今，个人调侃和异想天开的精神尚存，只不过挪到了新窝：视频游戏和电影——尤其是在 DVD 电影碟中。软件调侃仍会在主流应用程序中出现，不过相比以前也收敛了许多，而且似乎大多出自苹果和谷歌，特别是后者。

举个例子，苹果的 Test Edit 软件的图标里就藏了些个人调侃（把这个图标放大到最大的有效尺寸来看）。或是打开你的 Mac 的语音识别功能，对它说："给我讲个笑话。"

或是到谷歌里搜索"递归"（recursion），然后点击"您是不是要找……"的搜索建议。又或者在谷歌地球上调出悉尼歌剧院的图片，旋转到临海的那一侧，一位了不起的已故电视名人会在那里等着你。另外，还可以试试在谷歌地图上查询从日本前往中国的交通路线，你会惊叹于谷歌就如何横渡太平洋的问题所给出的建议内容（第 42 步是骑摩托艇横渡太平洋）。

谢谢你们，无名的程序员们，请将幽默进行到底！你们已经证明了，软件除了提高生产力外，还能带给我们欢乐。（翻译 薄锦）

歇了吧，航空安检

过时的安检制度并不会使飞行更安全，它只会浪费旅客更多时间。

撰文 戴维 · 波格（David Pogue）

2001年的“9·11”事件给世界带来了巨大影响，特别是航空业。从那天起，美国政府已经在技术和新制度实施上花费了数十亿美元，最终使飞行成了一个让人纠结不堪的复杂过程。

如果这些都是基于科学和理性的话，批评者们或许就不会把这些新措施称为“安全表演”（security theater）——这场精心策划的“表演”的目的，无非是告诉人们：政府正在采取行动，而不是无所作为。

来看看美国运输安全管理局（Transportation Security Administration）关于携带电子产品的规定吧。笔记本电脑必须从包中取出，然后平放在一个塑料篮子里，但平板电脑、手机、Kindle、照相机和便携式游戏机则不在此列。为什么要区别对待呢?

美国运输安全管理局说，这不仅仅是为了检测爆炸物，把大件物品拿出来，也会让X光更好地检测箱包。尽管如此，只要仔细看看这些规定，就会发现它们有很大问题。比如，根据运输安全管理局的规定，13英寸的MacBook Air必须拿出来，而11英寸的则不需要。

除此之外，机场安检也已经今非昔比了。旧的金属探测仪已经更换为毫米波扫描仪和反向散射扫描仪。它们能检测非金属武器和其他违禁物品——不仅仅是金属制品。许多人觉得，这些机器颇有侵犯性（它们能看透衣服）、价格高昂（每台至少16万美元），而且反向散射扫描仪还有潜在的致癌风险。

操作新设备需要两倍的人手，并且乘客们也要做更多准备工作（口袋里不能装任何东西——连钱包或登机牌也不行）。利用新设备进行安检的速度更慢——尽管运输安全管理局声称检测过程只需要“不到一分钟”，但整个安检过程几乎是乘客通过金属探测仪所需时间的60倍之久。结果，如今一些机场建议乘坐国内航班的乘客提前两小时办理登机手续，这造成的经济损失显然是十分巨大的。

表面上看，我们似乎利用这些机器实现了用便捷换取安全。但是想一想，如果我们真的要“不惜一切代价，用便捷换取安全”，那么为何不干脆禁止旅客携带任何行李，再要求大家都赤身裸体去乘坐航班呢?

最后来看看美国联邦航空管理局（Federal Aviation Administration）的规定：在起飞和降落时，所有电子设备——甚至连耳机和电子阅读器也包括在内——都必须关闭，据说这是为了避免飞机的导航系统受到干扰。

但关于这种担忧的科学证据却并不确凿。理论上说，一些设备发出的信号会影响到飞行器的电子系统。然而，美国联邦航空管理局的新闻发言人莱斯·多尔（Les Dorr）2011 年告诉《纽约时报》，“从未有过任何此类设备导致飞行事故的报道”。又是非理性的恐慌决定了数以百万计的乘客需要遵守的规则，这和严谨的科学没什么关系。

作为一名技术人员，我真的不想再接着举例，来说明美国运输安全管理局的其他荒唐规定：你所携带的任何一个容器都不能装有超过 100 毫升的液体，但你（还有你的同机人员）可以携带多个这样的小容器；如果你声称装的是婴儿配方奶，那么满瓶的液体也是允许的；一管 200 毫升的牙膏，即使已经用掉了 80%，你也必须扔掉；12 岁及以下的儿童，安检时不必再脱掉鞋子……

他们说，所有这些都是为了防止恐怖分子袭击载有 100 多名乘客的飞机，但为什么对人群更加密集的目标的关注却少得多呢？例如火车站、剧场、体育场，当然还有机场。

美国运输安全管理局对自己的公众形象并非毫无认知，它偶尔也会改善一下乘客体验。如今的机场扫描仪已经不会再把对乘客扫描时产生的“裸体照片”发送给安检人员（现在已经使用软件来检查），另外，目前已经有一些航班和 15 个机场采用了运输安全管理局的预检测流程（更多航班和机场正在准备实行中），这也会为低风险旅客提供一条特别通道，他们过安检时就不必再脱掉鞋子和外套了。

但总而言之，美国运输安全管理局那些非理性的折中办法和过时的电子产品安检制度，并不能很好地预防恐怖犯罪。事实上，它们让无辜的人们倍感纠结。（翻译 赵旭丹）

有正版，傻子才去看盗版

DVD的消亡正在将观众们推入盗版影片的怀抱。

撰文 戴维 · 波格（David Pogue）

电影爱好者们，面对现实吧！ DVD 已难逃一死。音像租赁巨头百视达（Blockbuster）的连锁店已经所剩无几。在线影视租赁提供商 Netflix 的 CEO 则表示：“我们预计，DVD 租赁服务的订购者将逐季稳步下降，永不回升。”新出的笔记本电脑甚至不再配备 DVD 光驱。那电影爱好者们要去哪里租片子看呢？当然是网上。

流媒体视频技术仍然存在若干缺点——比如，它需要高速的网络连接，也需要你留心网络套餐的数据流量上限——不过总的来说，这仍不失为一项可喜的进步。

流媒体视频为人们带来即时满足感——零等待、零操作，外加出色的可移植性：你尽可在那些无处容纳 DVD 光驱的小型电子设备上观看影片，比如手机、平板电脑、超极本等。

好莱坞的制片商们按说也能受惠于这一技术。租借影片的方法越简单，愿意租影片看的人就越多。大家租的影片越多，制片商赚的钱也就越多。

可惜，制片商似乎完全没有想到过这些。这简直是白白放走已到嘴边的鸭子。

通过网络租借影片，表面上挺方便，其实问题多了去了。举个例子说吧，当你租下一部网络视频后，往往只有 24 小时的观看时间，这根本没道理嘛。影片租赁商们不会真的以为，我们今天没能看完的片子，明天还会再去租一次吧？在 DVD 时代，从百视达连锁店租来的影碟可以看三天。为什么在网上租借的视频就不行？

在网上租借的电影，也享受不到 DVD 花絮这样的福利——各种删节镜头、不同版本的结局、字幕什么的，哪怕你花的钱跟租 DVD 的费用一样多。

不过最重要的问题，恐怕还是影片的上线情况。新影片总要等到影院下线数月后，才能在网上发布，这全拜好莱坞的“窗口期”行销体系所赐——这套老规矩规定了每部电影的线下发行模式，比如，首先授权各大酒店播映，接下来是按次付费的渠道，再然后是美国家庭影院电视台（HBO）的电影频道……直到以上各个渠道的播映窗口期全部结束后，你才能在网上租借到。

更不妙的是，有些电影从未进入过网络租赁渠道。比如《星球大战》《夺宝奇兵》《侏罗纪公园》《美丽心灵》《BJ 单身日记》《拯救大兵瑞恩》《拜见岳父大人》等等，全都不在主流网络发行商提供在线租赁服务的影片名单中。

没有哪家制片商愿意跟我公开谈论这个话题，所以你要问我为什么这么多主流电影都不能在网上租到，我也没法回答你。显然，在某个有关机构里的某位有关人士拒绝提供相关授权——也许是律师，也许是导演，也许是制片厂的高管。迪士尼的官方网站上是这么回答的："遗憾的是，我们不可能立刻发行或发售所有影片的影像制品。" 呃，好吧。意思就是因为不行所以不行。

老百姓想看电影。任好莱坞有多少法律限制条款，也无法遏止这一需求。制片商们这么做，无异于螳臂当车。

如果你不发布商品的正版资源，你猜怎么着？——大家就只好去找盗版。自 2009 年以来，盗版下载网站的访问流量已增长超过 5 倍，下载量则可望在 2016 年以前每年增长约 23%。为什么会这样？ 2011 年被盗版最多的 10 部电影中，截至 2012 年夏本文成稿之际，你猜有几部可以在网上租到正版？答案是"0"。这就是真相：好莱坞的实际行动（比如颁布新法规）恰恰是在鼓励那些他们口口声声要予以抵制的行为。

没错，时代不同了。没错，前景不明令人畏惧。可是对好莱坞来说，并不是没有前车之鉴。音乐产业和电视产业当年也是这样抵制互联网渠道的——各种粗暴打压：防拷贝技术、提升复杂度、走法律途径等等。

他们最后都找到了挽回部分流失利润的有效途径——不是抵制互联网，而是与它合作。音乐产业废除了防拷贝技术，在网上放出了几乎所有歌曲的正版下载，每首售价约 1 美元。电视产业则在 Hulu 等网站上提供电视节目的免费视频，靠广告赚钱。

由此总结出来的经验就是：为你的商品提供纯净的正版资源，并且合理定价。这样一来，傻子才要去找盗版，而你就可以继续赚你的钱啦。（翻译 薄锦）

让空调“上网”

想不想节省开支、预防停电？为你家的温控设备配上一部数码遥控器吧。

撰文 戴维·波格（David Pogue）

这是一个关于技术、科学与善意的故事，它们在故事里的联袂出场将惠及所有人，却不用任何人买单。听起来不太可能？放心，事态比你想的要好。这项计划的设计师——如果你可以相信它的话——可是一家市政服务机构。它就是联合爱迪生电力公司——一家专为纽约市提供电力的公司。

联合爱迪生电力公司正在为用户提供一种可接入互联网的温控装置。这款装置智能、简单，你可以通过互联网或智能手机对它进行在线操控。比如，当你外出旅行归来之际，可以远程调节家中的暖气或空调，让自己一进家门就能享受到舒适的温度。又或者，万一你出门时忘记关掉屋里的空调，也只需在手机上点几下，就能搞定。

这款温控装置甚至不用接通互联网。它会利用分配给老式传呼机的通信频段，与互联网交换数据。够狡猾吧！

但如果你跟大部分纽约人一样，家里装的不是中央空调，而是窗式空调，那怎么办？放心，联合爱迪生电力公司为你准备了一种新型温控装置。这套智能的空调工具包由 ThinkEco 公司提供，外形像一根延长线。你只要把家里的空调和它接起来，就能在居所范围内使用套装里附带的遥控器（这部遥控器还能测定室内温度）。此外，这套工具还附带一块 USB 接口的条状发射器，用来插在你的电脑上，让家里的空调通过电脑接入互联网。如此，你便可利用相应的网站或手机应用，对家里的窗式空调进行设定。

不过，最美妙的是这些设备和服务全部免费。事实上，你还能享受更多福利：签约申请并使用以上任意一款温控装置，联合爱迪生电力公司都会再免费送你一张 25 美元的礼券。难道他们丧失了一贯让人“爱之入骨”的精明头脑吗？

并不尽然。他们似乎自有一套如意算盘。

能够操控你家空调的人，不止你一个。在天气热到冒烟的用电高峰期，联合爱迪生电力公司会远程上调你家的空调系统。

不过事实并没有你想的那么可怕。联合爱迪生电力公司只会将你家的空调上调两三度（而且 2011 年他们只调了两次）。此外，他们会事先通过电话、电子邮件或短信提醒你。最让人安心的是，你仍然可以改掉被他们调整过的空调设定。如果你不喜欢联合爱迪生电力公司为你调整的温度，你大可再次调回来。

联合爱迪生电力公司不是销售电力的吗？他们为什么要如此大费周章，降低用户对电力的消费额度呢？试想一下，如果有成千上万的用户安装了这些温控装置，如果联合爱迪生电力公司能整体调高这些用户的空调设置，哪怕只是调高一两度，整个纽约便很可能因此而不必进行电力管制或出现停电事故。

对联合爱迪生电力公司而言，这是一项更大的收益：基础设施成本节支。随着人口的增长，用电需求攀升，联合爱迪生电力公司不得不架设更多的电力设施、更多的配电站、更多的电缆。如果免费温控装置计划能让公司延缓两三年支出这项费用，那可就是一笔十分划算的投资。

几年前，联合爱迪生电力公司及其他市政服务机构就已经开始为商业用户提供类似服务。“出现一个需要响应的事件时，我们可以让一两部电梯临时中止运行，”联合爱迪生电力公司负责相关项目的阿德里安娜·奥尔蒂索（Adrianne Ortizo）表示，“我们还可以调暗公共区的灯光。如果企业在我们这里接通了采暖通风与空气调节系统（HVAC），我们也可以定期打开或关闭这些系统。”而企业大厦的物业经理则可因此享受电力及相关设施的价格折扣。

但是，面向个人用户推出这项服务，将是一项影响深远的构想。节约电力支出，可以改善空气质量。政府部门可延缓相关项目的庞大资金开支。整座城市可免于发生停电事故。而你则可获得一台外观拉风的温控装置，从而通过免费应用程序对自己家的空调进行远程控制。

目前，在联合爱迪生电力公司的服务范围内，共有 600 万台空调机。迄今已有 23,000 名用户签约使用这套温控装置；联合爱迪生电力公司希望在 2012 年年内再另外发放一万套。他们可因此节省总计 500 万瓦的电力输出——而整个纽约市每天通常消耗 130 亿瓦的电力。相比之下，这点电力节支实属杯水车薪。

不过没关系。任何一项伟大的构想，都得先设法迈出第一步才行。（翻译 薄锦）

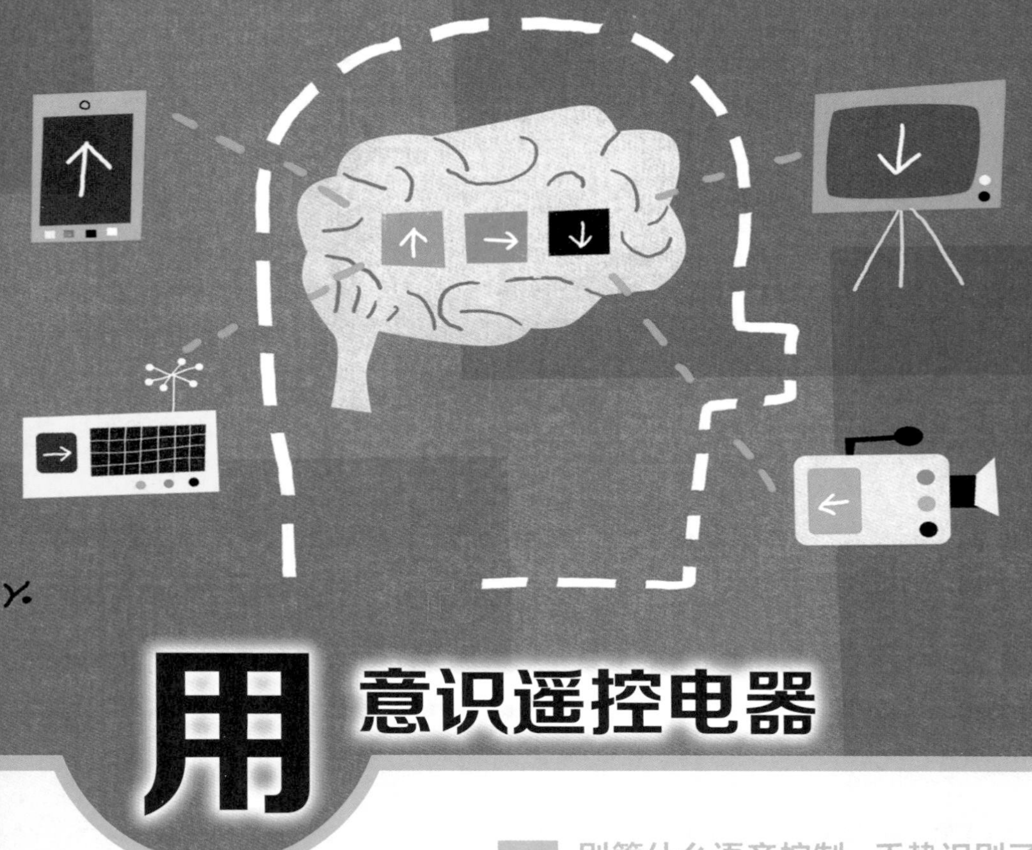

用意识遥控电器

别管什么语音控制、手势识别了，电子产品可能很快就会直接听命于我们的大脑。

撰文 戴维·波格（David Pogue）

噢，真是太棒了——我们可以用语音识别控制手机，用手势识别控制电视。但是这些技术并不是在任何情况下对任何人都好用。所以要我说，就别管那些半生不熟的新玩意儿了，我们真正想要的，应该是“思维识别”。

我在为最近一期《新星：现代科学》（*Nova Science Now*，本文作者在美国公共电视网主持的一档电视节目）收集资料的过程中发现，目前脑机接口

（brain-computer interface，BCI）技术在很大程度上似乎还没有取得太大进展。我曾经戴上一副价值为 300 美元的头戴式商用 EEG（electroencephalograph，脑电图机），试图通过在脑中以“构想”的方式，做出一架玩具直升机。结果基本行不通。

这类“读脑”头盔佩戴方便，而且无创。它们能够隔着头皮，探测人类脑部活动留下的极其微弱的电信号。但在这些电信号具体产生位置的辨识上，它们的表现还很糟糕。此外，这类头盔所用的软件甚至不能判断出我正在进行的“构想”。我只能去“想”一些极为简单的词汇，比如“傻瓜”、“鞋带”、“泡菜”——总之必须是我在 15 秒的训练环节中想到过的那些。

目前也有一些其他的无创脑部扫描设备，如脑磁图仪（magnetoencephalography）、正电子发射断层扫描仪（positron emission tomography，PET）、近红外线光谱仪（near-infrared spectroscopy）等，但它们也都各有优劣。

当然，你大可将传感器植入对方颅内，从而取得最佳的读取效果。这种方法已经能让丧失行动能力的病人成功地操作电脑屏幕上的光标和机械臂。然而，若只是为了用这种方法来控制各类日常电子设备，恐怕你很难说服人们为此去动脑部手术。

我在卡内基梅隆大学（Carnegie Mellon University）的发现最让我惊艳不已，该校的马塞尔 · 贾斯特（Marcel Just）和汤姆 · 米切尔（Tom Mitchell）已经在利用实时的功能性磁共振成像（fMRI）扫描仪进行某种真正意义上的思维读取——或者更严谨地称之为思维识别。

当我躺到 fMRI 里面后，我在屏幕上看到了 20 张不同物体的图片（如草莓、摩天大厦、山洞等）。在系统的引导下，我在头脑中想象着每样物品的特性，电脑会试着推断出我刚刚看到的两张图片的顺序（比如，草莓是否排在摩天大厦之前）。推断结果的准确率达到了 100%。

无论我们每个人的母语为何，有过怎样的个人经历，每当我们想到某个特定的名词时，似乎都会“激活”大脑的同一处区域。提到“草莓”，我们可能会想到“红色”、“食用”或者“可以用手拿起”。而电脑知道哪样的特性会激活哪部分脑区。这套系统还能猜出你脑中想到的数字，或者你当前正处于它所知道的 15 种情绪中的哪一种。

要实现一想到“CBS”就能切换到该电视频道，我们还有太多的研发工作要做。在当前初期阶段，大部分 BCI 研究都集中在如何帮助残疾人士获得行动能力，或是如何测谎这些方面。而这些研究正在引发大量关于伦理、隐私及可靠性的讨论。如果有一天，思维识别真的被应用到电子产品中，势必也会引发其他难题。比如，在利用思维输入撰写电子邮件时，如果思想开了小差，会出现什么情形？如果夫妻两人分别想到不同的电视频道，最后会以哪方的思维为准？有谁会为了调整音乐的音量，而甘愿进行一次功能性磁共振成像（fMRI）扫描？

贾斯特对此却并不担心，这位卡内基梅隆大学脑认知成像中心（Center for Cognitive Brain Imaging）的负责人告诉我：“我们的机器确实是个庞然大物，但是总有一天，会有某位生物物理学家开发出某种十分小巧的设备，操作原理也可能跟我们的不太一样。”眼下，要判断 BCI 会在何处靠岸，或会在何时起飞，都还为时尚早。我们也不用为此担忧。毕竟，第一个发明出轮子的人，恐怕未必能立刻想到阿西乐（Acela）特快列车、过山车、滑板这些新事物吧。

反正，我的思维被读出来了，我也是该项技术的信徒。我相信，思维识别技术会越来越先进,现在数百万美元资金也正投入到对该项技术的改进中。也许，以后的人一出生，体内就会被植入一个脑电波遥控器呢！（翻译 薄锦）

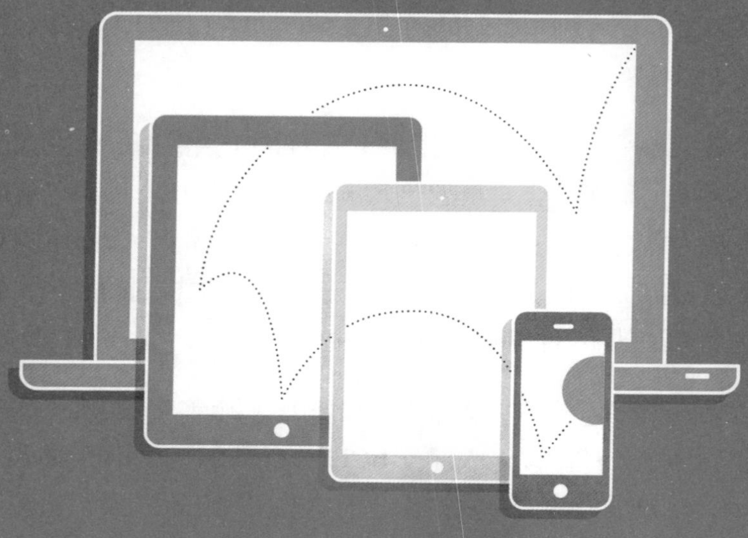

微视频的“微”魔力

为何 GIF 动画及其他形式的原始视频仍然占据着整个网络？

撰文 戴维 · 波格（David Pogue）

自从人类发明电影以来，视频技术的发展始终稳健地沿着一个固定的方向不断进步，即更高的分辨率、更高的帧数、更丰富的音效。

然而在网络上，情况却变得有些怪异。如今，用户反应最热烈的网络视频往往并不是大尺寸、锐利和流畅的，而是小巧、有停顿感的，分辨率通常较低，而且大多无声。

展品 A：GIF 动画。这种文件格式能够创建出小巧但色彩有限、不断循环播放的无声视频，由 CompuServe 公司于 1987 年发明。在 Flash、QuickTime、AVI 及其他新型的视频格式问世之前，GIF 动画便是早期在网络上发布动态图像的一种途径。许多 GIF 动画走红了整个网络：跳舞的婴儿、飞扬的美国国旗、好笑的猫咪，还有 MySpace 网站上的大量图片。

奇怪的是，26 年后的今天，这种局限甚多的“老古董”却依然健在。事实上，这些画面不够连贯的短片，盛行程度更甚以往。在 Tumblr 和 Reddit 等最受欢迎、集纳“网上最酷内容”的网站里，GIF 动画可是绝对主角。它们仍在借助电子邮件签名的形式广泛传播。这实在是令人莫名其妙——就像 Betamax（一种盒式视频录像机，诞生于 20 世纪 70 年代中期，到 20 世纪 80 年代中期之后就逐渐退出历史舞台）突然卷土重来一样。

展品 B：Nikon 1 相机，这是尼康公司中型相机系列中的旗舰型号。大部分相机上的模式转盘都会提供各式各样的预设情境，而这款相机仅提供了 4 种选项，其中一种为“动态抓拍”（Motion Snapshot），可以拍摄时长一秒的无声视频。不知为何，这款相机竟然成了最畅销的型号。想必尼康公司早就料到会这样吧。

展品 C：Vine，这是一款 iPhone 应用程序，可以让你拍摄一段时长 6 秒的视频，并将其发布到 Twitter 或 Facebook 上。

谁会使用一款功能如此有限的工具呢？答案是“所有人”。Vine 轰动一时。整个网络上充斥着上百万部短片，企业用它发布广告和大赛，电视节目《乔恩 · 斯图尔特每日秀》（*The Daily Show with Jon Stewart*）则用它来制造笑料。

怎么回事？我们期望视频更好、更大、更明亮的要求到哪里去了？

理论 1：技术局限性。画面够大、画质出色的视频会占用很大的带宽，用在手机上还会产生不菲的费用，在其他设备上则需要不少的时间来加载。小巧、画面不连贯的短视频足以传播相应的信息，加载过程几乎即时完成，而且不会让你多花钱或者浪费时间。

GIF 动画还有一个优点：你可以把它们发布在几乎任何地方，包括留言板和个人头像栏。几十年来，它们在世界上的每一款浏览器和几乎每一款电子产品中都能播放——若是换成 Flash 这类更新的格式，可就没人能保证这一点了。

理论 2 ：局限性孕育创造力。Twitter 正是这一理念的标准写照：字数上的硬性限制迫使你将信息撰写得更简洁、更富创造性。对于 Twitter 上每一条信息不能超过 140 个字符的限制，大部分用户毫无怨言，他们欣然接受了这条规则。正是这种短小精悍令 Twitter 形成了一股天然的力量。

显然，浓缩也是 Vine 取得成功的一个关键。拍摄一段时长 6 秒的视频，看起来或许十分容易，但要在如此短的时间内讲出一个故事，需要善用思考和独创力，最后大家做出的作品中，有些简直堪称杰作。你还可以把许多张照片组合成一段 Vine 视频，有些采用定格手法（stop-motion）制作的 Vine 视频给人留下的印象格外深刻。

理论 3 ：不应该与视频进行比较。说到底，这些数量日益庞大的原生态短片或许并不神奇。当然，若与我们在电影院、电视机甚至是 YouTube 上看到的影像画面相比，这些短片不过是小巫见大巫，但是鉴于电影都是真人实景拍摄出来的作品，恐怕没有多少部能做到短片这般的短小精当。

事实上，摄影的意义在于捕捉一个单独的瞬间，经过精心审视后加以呈现。说到底，这就是一段时长只有几秒、不断循环播放的视频能够取得非常出色效果的原因所在——这些视频拓宽了静态图片的表现力，从中激发出不计其数的新可能、新瞬间和新故事。或许，我们最好把微视频看作静态图片的升级版，而不是视频的简化版。

网络微视频也可能既不属于图片，也不属于视频，而是某种介于两者之间的事物，拥有自己独特的艺术价值。或许它只是一种全新的表达方式。

而认识到这一点，花了我们 26 年的时间。（翻译 薄锦）

把智能设备穿在身上

一位富有创造力的发明家认为，方便实用的可穿戴装置马上就要迎来爆发式发展。

撰文 菲利普·卡恩（Philippe Kahn）

如果你穿戴上睡眠监测仪，看起来会显得很笨拙，并且顺便说一下，你可能会选择不使用它，尽管使用这种装置可能改变你的睡眠方式。这有点像海森堡的不确定性原理：实验结果视观测者而定。如果睡眠监测仪装有电极和电线，它看起来就像来自于弗兰肯斯坦（科幻小说《弗兰肯斯坦》的主角，一个制造出怪物又被自己所造出的怪物毁灭的医学研究者）的实验室，你可能每次穿戴它的方式都不一样，而它所收集和报告的信息则有可能受到影响。

近年来，可穿戴技术取得了很大的进展。现在，传感器技术的改进使我们可能设计出这样一些可穿戴装置，这些装置使用起来非常方便，以至于我们完全感觉不到自己正在穿戴它们。这些可穿戴装置的发明者（包括我自己在内）正在努力使传感器更为小巧、精度更高、电池使用寿命更长。其目的在于提供出色的用户体验。

传感器正在一些重要方面得到迅速发展。作为工程技术人员，我们正在将更多的功能融入到每个传感器中。我们正在将加速度计和陀螺仪整合到一起，以缩小其体积并降低其功耗。我们也正在使用新的传感器融合算法，这些新算法能检测到通过传感器的数据流，以及在传感器之间的数据流。例如，Jawbone 公司生产的 UP 腕带，是一种 24 小时监测仪，用于分析睡眠和觉醒活动模式（由本文作者所在的研究团队负责其硬件基准设计，并制作固件和其他组件）。该监测仪的设计旨在朝着“量化自我”（quantified self）的方向迈进，这将改善每个人的健康状态。该设计着眼于款式新颖和坚固耐用，因而你在淋浴时也能戴着它。当你检测自己的睡眠模式时，就会发现，你的睡眠丝毫没有由于穿戴某种奇异装置而受到影响。

如今的智能手机都装有捕捉图像、运动、磁场、地理位置和距离的传感器，但是这些传感器往往被单独使用。有了传感器融合技术，我的手机就能检测到我的状态，比方说能检测到我正在轿车内，这样便大大改善了我的用户体验，因为我的手机能自动地激活与这一状态最相关的那些功能。当我下了车，去跑步，或者去睡觉，或者去做许许多多各种各样的事情时，我的手机就成了一只“变色龙”，能自动适应这些变化。像苹果手机（iPhone）、智能手表（Smart Watch）或谷歌眼镜（google glass）这样的装置有可能成为我们自己的个人通信工具，让其他可穿戴装置在此整合。

上述进步背后的技术已经存在了相当长一段时间。10 年前，我们便开始研发 Jawbone 公司的 UP 腕带的各种组件，其中包括从终端到终端的组件、电源管理系统和优选发动机等。我们早在 2005 年就开始的原始设计中，就已经设计了通过无线连接与手机同步的腕带，并且采用手机实时显示腕带的检测结果。可是，为延长装置上电池的使用时间所需的蓝牙低能耗技术目前才刚刚成熟起来。正如拍照手机发明出来之后，用了 15 年的时间才被完全推广开来一样，我们现在同样处在让可穿戴装置完全推广开来的浪尖上，这些可穿戴装置能在很多方面为我们提供服务。

可穿戴技术最有前途的一些应用可能在疾病监测、预防、治疗乃至保健护理方面。对于肥胖、睡眠呼吸暂停、糖尿病、心脏病或阿尔茨海默病之类的慢性疾病患者而言，可穿戴式医疗装置可以大大提升其生存质量，并能提供一种有效方法，帮助控制流行病蔓延。可穿戴式医疗装置为引进新一代治疗方法提供了一个极好的机会，这些新方法包括许多更有效的个性化处方剂量和输液供药方式。例如糖尿病补丁（diabetic patch），它能在最佳时段释放药物，同时还提供一种个性化的最佳剂量，使治疗方法和治疗效果都得到改善，糖尿病补丁是继胰岛素泵之后的一种新疗法。现在，我们有机会用我们的知识产权和技术彻底改善许多人的健康状况，并为一些全球性挑战提供有效的解决方案。（翻译 詹浩）

软件续租伤不起

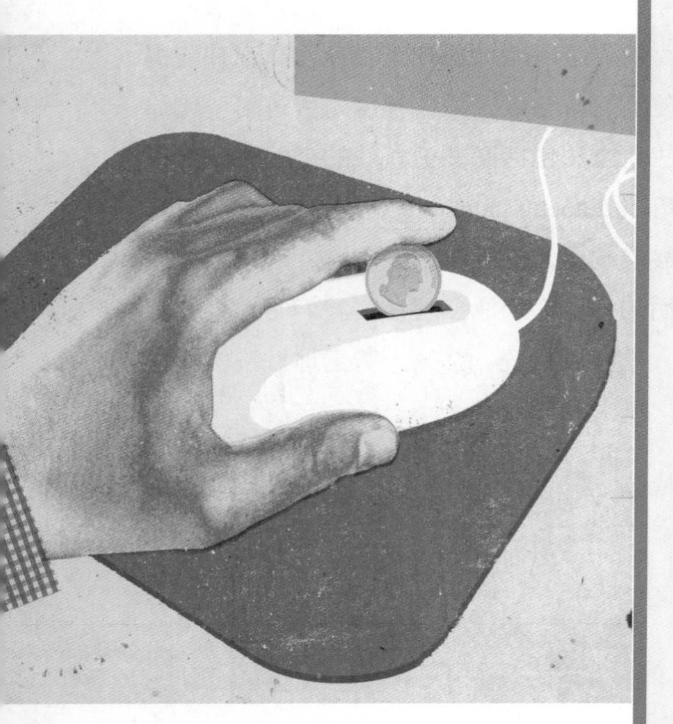

如果你想使用某款软件，就得在今后的日子里为它掏钱——月复一月地掏钱。

撰文 戴维·波格（David Pogue）

你无法永远取悦所有人，科技公司比谁都清楚这条道理。任何一项细微的变动——变更布局、改动某个特性的工作机制、更改相应的系统需求，都会踩到某些用户的雷区。哪怕最终的结果是进步的，但是只要给用户带来哪怕一点点的不满，也会成为企业的一项运营成本。

不过，显然你也完全可以立刻激怒你的所有用户。Adobe 公司在 2013 年春季宣布将停止销售 Photoshop、Illustrator、InDesign 及旗下其他专业设计软件就是一次很好的尝试。这些软件今后将仅供租用，要求用户按月或按年持续付费。

这个“使用软件须订阅”（software as a subscription）的理念正在流行起来。2013 年上半年，微软公司（Microsoft）开始针对旗下的 Office 套装软件（包含 Word、Excel、PowerPoint），推出年费 100 美元的订阅服务，虽然你也可以像以前那样一次性付费购买整套软件。IBM、甲骨文（Oracle）等公司面向大型企业提供的企业级软件，也早在数年前就采用了仅可订阅的模式。

那么 Photoshop 用户的怒火究竟是从哪里烧起来的呢？

Adobe 公司指出，一年一次重大升级的软件更新周期——这是只能依靠软盘或光盘将软件递送到用户手中的那个年代遗留下来的产物，已不再让人受益。通过软件租用计划，就有望在一整年中为用户提供稳定的增值改进。相比于坐等下一年的新版上市，你难道不会更希望新特性在开发出来后立刻就可以使用吗？这是值得付费的，对不？

可是费用方面的情况如何呢？ Adobe 系列软件会让你掏更多的钱——当然只是在某些情况下。以往，你可能需要花 600 美元购买一套 Photoshop，每年的升级费用为 200 美元，但你可以选择暂时不升级，旧版软件照用不误。如果你 5 年后才升级一次，那你只花费了 800 美元，相比之下，租用则要花费 1,200 美元。

另外，软件订阅模式对于非专业用户而言更划算，他们只需花费 30 美元，就能租用一个月的 Photoshop，起止时间完全可以视需要而定。而那些要用到全套 Adobe Creative Suite 组件的专业用户就更赚了，他们只需花费 50 美元，就能使用整套组件一个月。

所以，引发用户不满情绪的，不见得是价格因素。不，更重要的因素其实是另一个还没有人提及的问题——从购买到租用的转变。

按月付费本身并没有什么问题。我们每月支付有线电视费、网费、电话费、煤气费、电费、杂志费以及分期贷款等费用时，眼睛都不带眨一下的。我们甚至不反对按月付费来享用数字化服务。毕竟，在线媒体租赁商 Netflix 可是有 3,600 万用户开开心心地按月付费的。那么，区别何在呢?

答案就是—— 花钱买到了看得见的东西（visible deliverables）。

我们是很乐意按月付费的，只要我们能够看到自己将因此而获得什么——电视节目、电影、暖气、冷气，或者文章。但是按月付费租用软件，给用户的感觉就不太一样了。我们下载了一款软件，它就存放在我们的设备里。每个月我们都要付费才能使用它，但是我们并没有获得任何额外的回报。这就是 Adobe 订阅模式有别于 IBM 和甲骨文公司那些企业级软件付费模式的地方。后者会同时提供一群顾问及培训师。你能够直观地看到你在付费后所换取到的服务。

也许，Adobe 公司计划对软件进行非常频繁的、持续性的升级，让我们最终能够认可这是一项值得持续付费的服务。但就目前而言，他们提供的是一组几乎不变的代码，却当做有线电视或手机服务那样一直更新内容的产品，让用户持续付费。我们意识到了这种让人一眼看穿的模式的致命点——用户完全搞不清楚自己的钱花到哪里去了。

怪不得我们会为此感到不安，无论是在理智上还是感情上。Adobe 公司拥有足够的市场份额，尽可恣意行事，但这并不意味着用户不会弃它而去。我们只能希望其他公司能够睁大眼睛，吸取教训，然后确保他们旗下的产品仍然可以一次性付费购买。（翻译 薄锦）

群英云集 纽约生辉

纽约市吸引科技精英的举措，为其他城市树立了一个榜样。

撰文 迈克尔 · 彭博（Michael R. Bloomberg）

200 年前，依靠天然优势便足以打造出一座大城市了。当时的城市往往建在河川交汇处，或沿着风平浪静的海湾铺开，以便通过辽阔的大洋发展商业与贸易。但那样的时代早已一去不复返了。如今美国最大的竞争优势在于它那吸引全球各地精英人士纷至沓来的几大特色元素：自由、多元、包容以及活力。

纽约之所以会成为世界上最大的都市，是因为纽约人敢想敢干。如今我们再次高瞻远瞩，推出了一项刺激经济增长的政策，它完全可以跻身于纽约市漫长历史中最具潜力的经济发展工程之列。

2011 年夏天，我们面向大学发布了一项招标计划，准备拿出纽约市的黄金地段外加 1 亿美元的基础设施升级配套资金来换取它们的一项承诺——在纽约市打造或扩建一座具有世界水平的科技与工程园区。

这并不是政府首次出让土地并提供资金促进大学发展。1862 年，美国政府制定了一项旨在创建新大学的土地出让政策。当时林肯总统和美国国会正想方设法促进农业和工程等领域中革新与专业知识的发展，因为他们深知这几个领域对于推动美国经济增长具有至关重要的作用。康奈尔大学、麻省理工学院、加利福尼亚大学伯克利分校、密歇根大学以及其他许多一流大学均是土地出让政策的产物，而这些大学所带来的，则是助推美国发展成全球最大经济体的众多工程发现。

在历史上的大部分时间里，纽约一直是美国和世界的技术之都。1806 年，罗伯特·富尔顿（Robert Fulton）建造了第一艘具有商业应用价值的轮船，从而开创了让未来若干代无数纽约人能够找到饭碗的海运行业。富尔顿、莫尔斯、辉瑞、贝尔以及其他许多人的发现和革新推动了众多产业的发展，为一代又一代的纽约人提供了就业机会。纽约之所以成为美国的经济火车头，是因为纽约的创业者最富有革新精神，他们的创意和投资把纽约市打造成了称雄全球的技术中坚。

然而，尽管拥有革新的传统，纽约仍与大多数美国城市一样，在国民经济出现根本变化之际不得不奋力苦斗。面对延续数十年之久且曾一度危及美国城市未来的经济发展动向，我们的建议就是，开展迄今为止最为大胆的尝试，即通过增强纽约的应用科学实力来抵消此动向的不利影响。

1966年到2001年间，纽约市制造业的工作职位由80万个萎缩到15万个。约4/5的职位不复存在，其中大多数是不需要高等教育的中级职位。纽约市的形势比美国全国总体状况要好很多，但纽约的经济走向却越来越多地要看华尔街是狂涨还是暴跌。

我在2002年就任纽约市长之际，即承诺要推动纽约经济走向多元化，而当2008年市场遭遇雪崩时，我们决定大幅加强对这一方针的投入力度。我们与经济界各大行业的业界领袖会晤，以了解我们还可以采取些什么措施来提供帮助。我们调查了企业老总、实业家、大学校长及其他一些大老板，看看他们最需要什么，而我们听到的则是几乎千篇一律的同一个调子：技术实力是经济增长的关键，但纽约的技术力量恰恰不够。

过去几十年，波士顿和硅谷等地先后超越纽约，成为美国的革新中枢。不过，这一趋势现在已开始扭转过来。2010年纽约力压波士顿，成为美国高科技新兴企业获得风险资本融资第二多的城市，仅次于硅谷。而波士顿之所以历来位居纽约之前，主要就是因为它拥有一批实力雄厚的科研单位，特别是麻省理工学院。该学院每年都推出大量技术研发成果，催生了众多的新兴高科技企业。事实上，麻省理工学院毕业生们创办的那些生机勃勃的企业，年营收总额高达2万亿美元，几乎与世界第七大经济体巴西的GDP不相上下。

我们估计，在纽约市新建一个应用科技园区，开园后头30年内即可培育出约400家新兴企业，创造7,000多个建筑业工作岗位和22,000多个固定职位。纽约市出台这样一项重大的应用科技与工程发展政策，将有助于确保该市在未来几代人的时间里，稳居美国革新型经济增长的前列。（翻译 郭凯声）

未来是傻瓜的

◎ 未来科技预言家守则二三条。

撰文 戴维·波格（David Pogue）

身为一名科技领域的专栏作者，老是会被人问到未来的科技趋势。好吧，谁不想知道未来都有些什么呢？不过要是让我预言一下政治形势或专业垂钓大赛，我应该会更有把握一些吧。因为再没有哪个领域能比消费科技的更新换代更快，更变幻莫测了。

任何一个试图趟科技预言这道浑水的家伙，到头来的下场都难免被贻笑大方。你肯定曾在电子邮件里看到过不少类似如下的言论："我认为计算机的全球市场总量也就五台左右，"IBM 总裁在 1943 年如是说。"电话这种设备的缺点太多，很难真正将它视为一种通信工具，"美国西联电报公司 1876 年的一份内部备忘录中如此记载。"什么人会想要有声电影啊？"这是哈利 · 华纳（Harry M. Warner，那对华纳兄弟之一）在 1927 年的诘问。

倒不是任何形式的预言都会令你身陷窘境。预言某样事物无从实现或者全无前途时，才会危机四伏，这一类的预测可能会凸显你的鼠目寸光。

大体而言，更为保险的做法是预言将会有哪些事物出现。若是言中，便能彰显你的英明睿智。就拿儒勒 · 凡尔纳（Jules Verne）来说，他就曾在作品和创作里描写过"电动潜水艇"、"电视新闻"、"太阳能帆船"、"可视电话机"（视频通信）、"天空广告"（空中文字）以及"电子制伏装置"（电击枪）。类似的还有亚瑟 · 克拉克（Arthur C. Clarke）笔下的"新闻垫"（iPad）、雷 · 布雷德伯里（Ray Bradbury）笔下的"海螺状无线收音机"（入耳式耳机）、艾萨克 · 阿西莫夫（Isaac Asimov）笔下的"便携式计算器"，以及乔治 · 奥威尔（George Orwell）笔下的"安保摄像机"。若你预言落空，又有谁能说你什么不是呢？毕竟，如果你预言的是某种仍未实现的事物，你永远都可以用"暂时"二字搪塞过去。

所以说，预测科技走向的守则之一就是：预言哪些事物可能实现，而不是不会出现。例如，黑白格式总会向彩色演进——照片、电视、电影。因此若在 1970 年，你大可胸有成竹地预言彩色报纸的普及。

守则二为：历史总在重演。经验表明，来来回回，反反复复，总有某些趋势不可避免。模拟格式总会数字化——音频、视频、照片都将如此。因此在 1990 年，你尽可高枕无忧地预言数字电视与电子阅读器的春天。众所周知，互联网正日益普及，可接入网络的小型电子设备也多了起来。因此，你大可安心描绘一番汽车、厨房电器、服装等当前并未接入网络的物品普遍入网的未来景象。

若你非要预言某些事物的消失不可，那就紧跟住大势所趋的方向来推断吧。看看近年的大学生们都是怎么生活的，并假定他们就是未来的主流。他们不订报纸、不装座机、录影时不用摄像机而用相机甚至手机，影片全靠下载。他们期望获得自己所需要的一切——歌曲、书籍、杂志、报纸、电视节目、电影——你的预言若与大流背道而驰，可就蠢到家了。

不过要是具体到产品呢？有没有办法预知我们到了2020年都会在身上带着什么？有没有人能预见哪些产品会成为下一个iPhone、iPad或Wi-Fi？恐怕没有。否则，就不会有电子产品公司推出微软Zune、黑莓PlayBook、铱星卫星电话这类败笔之作了。

话说回来，幸亏我们无法预知未来科技——这意味着我们会继续摸索。无从得知某样事物是成是败，我们才会不断创新。艾伦·凯伊（Alan Kay，他在1968年提出便携式计算机的概念）说得好："预测未来的最佳途径，就是把它创造出来。"（翻译 薄锦）

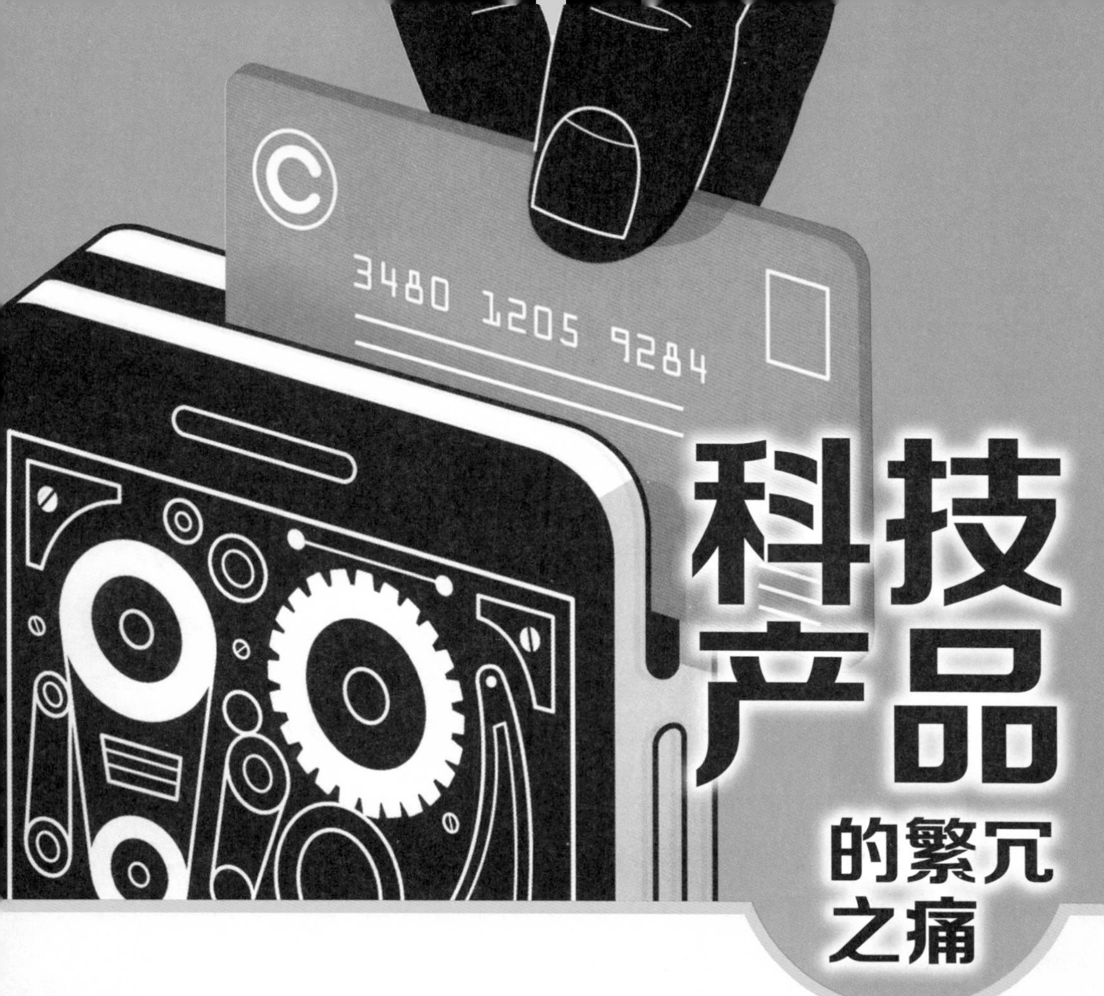

科技产品的繁冗之痛

砍除多余的操作步骤，让购物、投票、减肥变得更轻松。

撰文 戴维·波格（David Pogue）

2011 年，在纽约城最大的那家苹果旗舰店，我想给儿子买个 iPod touch 的套子——可那天是 12 月 23 日，店里的人接踵摩肩，拥挤得很，我觉得沙丁鱼的处境都比我强。幸好，我知晓一个大多数人都不知道的窍门：可以从货架上直接抓下想要的商品，用自己的 iPhone 扫描一下，然后走人。这要感谢免费的苹果应用，让我没必要排队干等，甚至不用跟店员打交道。消费账单会直接开给我的苹果账号。从进店到出店只用了两分钟时间。换言之，苹果在消除阻力方面已经达到了新的高度——在这一点上，苹果自己与它的顾客同等受益。

阻力就是种麻烦、步骤、流程。并且，在这个日益技术化的世界里，竟然仍然存在着数量惊人的公式化操作——逆向考量的实例则少之又少。我们强调的是价位、容量、处理器的运算速度，而不是美观、优雅和低阻力。

为什么有些商店还在要求我们签信用卡的小票？并没有哪条法律或者银行条款强制要求顾客签名。这道阻力原本是基于安全性的考量——可你上一次看到柜员比对小票与信用卡背面的签名，是什么时候的事？

为什么在今时今日，我们还要在网络表格内输入自己地址和信用卡的具体信息，填上一遍又一遍？苹果、亚马逊等公司就意识到了这一点，低阻力意味着更高的销量。苹果设计了自己的应用，亚马逊设计了一键购买的程序，当看到一样想要的东西时，不用输入任何额外的信息，点击一下，你就买好了。

任何一个网站，若是要你填写表格、接收确认邮件、通过某种测试证实你是个活人，都是在增加阻力——进而流失销量。坐在电脑前，我们所有人，或快或慢，到头来要么有话想说，要么有东西想买，期间不知道要迈过多少道心理上的坎儿，然后又打起退堂鼓：“唉，还是算了——不值得。”

实际上，低阻力不光意味着销量的增加，它还能够促进你想要提倡的行为。比如说，投票的权利。

用来预估个体投票可能性的公式， 大体上类似于 PB+D>C，其中 P 是一个人的选票能够影响到投票结果的概率，B 是他在自己支持的候选人胜出时能够享有的收益，D 是他通过投票这一行为所获得的满足感，C 则是阻力——

整个投票操作的繁琐度，包括登记选民身份、找到投票地点、排队等候投票……显然，减少这一过程中的阻力，将会提高参加投票的人数。

假想我们可以在线注册、在线投票——或者只要在一款手机应用中轻点几下就能完成投票。参与投票的人数很可能就会扶摇直上。而这将会创造出具有实质意义的民主。（对幕后操作的畏惧，可以说是我们尚未实现真正民主的缘由所在，但只要确实有心，我们就能做到。）

这或许也可以用在人们所关心的肥胖问题上。我们几乎试尽了太阳底下的各种对策——唯独没试过减少阻力。要买咖啡，在星巴克的应用程序上点一下就行。健康食品何不也来效仿一下？只要相关应用上的一个动作，就能从大量增设的自动贩卖机或是特定的菜市场里买到苹果、香蕉、胡萝卜，不行吗？眼下追求合理饮食所需要付出的努力，仍然多过选择垃圾饮食。只要改变一下这其中的阻力系数，就能够扭转形势。

下次要去买数码相机的时候，就别问它像素多少了，还是问问手动调焦需要多少个步骤吧。买笔记本的时候，别光看它的屏幕尺寸，还要留意一下，需要技术支援时需要按多少下电话按键。买手机的时候，看看要用电子邮件发张照片，需要触击屏幕多少次。而你若是位居谈判席的另一端——身为供销方——不要光想着怎么吸引客流，还要弄清楚，如何消除你为顾客施加的阻力。（翻译 薄锦）

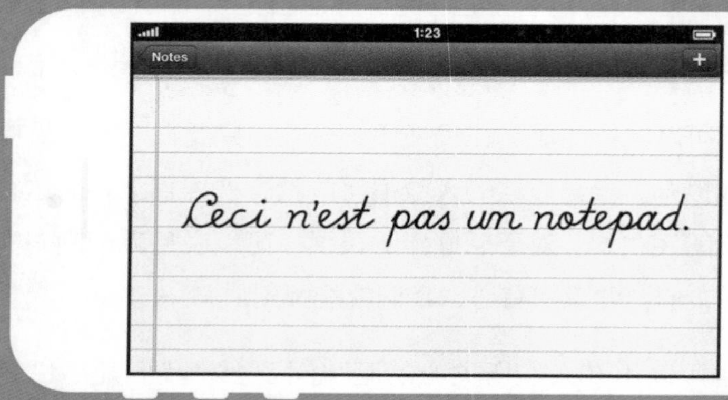

对苹果设计说不

数码设计何必非要照搬实体世界呢?

撰文 戴维·波格（David Pogue）

2012年秋天，苹果公司解雇了高管斯科特·福斯特（Scott Forstall），他曾经被许多人视为乔布斯的接班人。福斯特的离职引发了一番热议，讨论的重点是此前他所力挺的一种令人费解的设计理念——“拟物主义”（skeuomorphism）。

实体世界所用的拟物设计，是将传统产品中的某项功能性元素转化为一种装饰性元素。诸如数码相机模仿出的快门声，电子吊灯呈现出的烛光效果，

人造革表皮上的褶皱感等。

软件世界里的拟物设计则满目皆是。电脑桌面上的文件夹图标就像是现实中的档案夹，回收站类似现实中的废纸篓，保存按钮也一如现实中的计算机软盘。

这些造型并不具备任何技术上的功用。不过软件上的拟物设计自有其人性化的原因。20 世纪 80 年代，为了促进电脑在大众中的普及，苹果和微软的设计师在设计用于电脑屏幕显示的图标时，选择了现实中的实物造型，以便直观地传达出图标所代表的含义。乔布斯本人正是这种拟物设计的坚定支持者之一。起初，这种设计在促进图形用户界面（GUI）的推广上，确实起到了很大的作用。

时至今日，人们逐渐对拟物设计感到厌倦，有些人认为，苹果在拟物主义的运用上走得太远了。浏览一本苹果电子书，“书页”会在翻动的过程中微微卷起，甚至能让你看到书页背面影影绰绰的文字。苹果的“联系人”（contacts），设计得就像一本真的通讯册，连各“页面”间“装订处”的“装订线”也没有落下。“游戏中心”（game center）的背景仿佛一块绿色的毛毡，就像拉斯维加斯的赌桌上所铺的那种。最多此一举的设计，大概还要数“日历”（calendar）上方“装订处”的若干碎纸茬——这是在模仿前一张日历页被撕掉后的样子。

一方面，评论家们认为，这些细节设计已经不再具有帮助新手了解软件功能的意义。没有那些有碍观瞻的碎纸茬，你照样能明白自己用的是一款日历程序。书页卷动的动画效果，不过是一种卖弄，可是却会拖慢翻页的速度。另一方面，盲目依赖实物视觉隐喻（real-world visual metaphors）这一理念，还可能会扼杀那些更有创意、更省空间、更直观的设计。

有时候，苹果在设计上所模仿的实物原型，对现代人而言简直毫无意义。年轻一代中，有几个人用过罗乐德斯名片管理器（Rolodex）？苹果新上线的 iPhone 版“播客”（Podcast），主体设计元素是一台盘式磁带录音机（reel-to-reel tape），这项技术早在 30 多年前就已经被淘汰。

微软最新的几款操作系统，比如 Windows Phone，则完全奔向了另一个极端。这些新系统的界面，全部采用了数码风格的设计，与实体世界没有丝毫交集。微软的设计师坦言，“现在是 2013 年了，我们用不着靠模仿原木和绿毛毡的设计来表达软件的功能。”

可能会有不少苹果设计师辩称：帮助新用户辨别软件的功能并不是拟物设计的唯一目的。他们可能会说，这种对实物细腻逼真的模仿，视觉效果很酷。没错，这不正是卖弄么，尽管这样做有时候可以让用户使用程序感觉更舒服。事实上，对拟物设计提出抱怨的人，很多也是设计师。他们认为，过度追求拟物主义的设计师，并没有倾听真正购买产品的广大用户是怎么抱怨那些小小的订书钉造型的。

不管怎样，苹果大名鼎鼎的首席硬件设计师乔纳森 · 艾维（Jony Ive）现在也开始负责软件的设计了，而他在这方面并不是拟物主义的拥趸。能在 iPhone 应用程序中看到模仿原木、拉丝金属、缀有针脚的皮革制品等拟物效果的时日，可能已经屈指可数了。

这没什么不好。在软件的世界，拟物主义只要使用得当，仍有其用武之地：它可以让你在最初接触一款新软件时感到轻松，而且，利用简单的视觉隐喻也可以传达出软件的用途（比如，拍照应用程序的图标永远都是一部相机）。任何设计理念都不能滥用，拟物主义也一样。一旦拟物设计妨害了软件的用户体验，就该有人站出来，对它说“不”。（翻译 薄锦）

作死的电子产品升级

电子产品往往在买回来一周就过时了，这真的是他们无法避免的宿命吗？

撰文 戴维·波格（David Pogue）

你会多久才买一辆新车？多久买一套新房子、新沙发、新雨衣、新冰箱？又或者新的洗衣机和烘干机？时至今日，你又会多久买一部新手机呢？

显然，在科技相关的产业领域，产品的迭代周期所扮演的角色，远比在其他消费类产品领域里重要得多。大部分人都不会觉得，开着一辆 2009 年产的丰田凯美瑞，或者把食物储藏在 2002 年产（甚至是

1992 年产）的冰箱里，是件多么丢脸的事。但是，如果你随身携带的是一部 4 年以前生产的 iPhone，却会觉得在别人眼中会变成“山顶洞人”。

不用说，各大科技公司自然充分意识到了这一点。他们对此善加利用。软件公司差不多每年都会炮制出新版软件，比如 Microsoft Office 或 Intuit Quickens（一款个人财务管理软件），坐等消费者在生怕自己落伍的攀比心理驱使下乖乖地升级。威讯无线公司（Verizon Wireless，美国的一家移动网络运营商）的营销平台已经正式撤下了“两年换新机”优惠计划（New Every Two），但是美国人仍然会平均每 22 个月就买回一部新手机。另外两大运营商 AT&T 和 T-Mobile 则刚刚推出了新的套餐，鼓励用户至少每年都换一部手机。

我们大可把所有的科技公司都归为一丘之貉，尽情嘲讽他们的操控之举，指责他们一手策划的“计划报废”（planned obsolescence，指为增加销量而故意制造不耐用的商品）。

就拿苹果公司（Apple）来说。iPad 自面市以来，一直是平板电脑中销量最好的产品。我们每年都会翘首期盼一台经过改良、性能提升的新款 iPad——而这也为苹果公司带来了一定的压力。要如何才能做到每年都对产品有所改良，特别是当这款产品最大的吸引力之一恰恰是它的简洁性时？

苹果公司为 2012 年上半年发布的 iPad 3 添加了显示效果极其锐利的高分辨率“视网膜屏”——也就是 2010 年所发布的 iPhone 4 所用的屏幕。那么，2012 年下半年面市的新产品 iPad mini，用的又是什么屏幕呢？答案还是老式的液晶屏，而非“视网膜”屏。在很多人看来，苹果公司这是故意留了一手，好在下次升级时还有料可用。

就整个行业而言，我们很难界定“计划报废”有哪些明显的模式。特别是在手机和平板电脑这两大领域，市场竞争是如此激烈，以至于制造商们根本没有余力玩什么“留一手”的游戏。每当一项新技术准备就绪时（有时甚

至是在还没有完全准备好的时候），制造商们便会立刻将其投入使用，并且开始推广。你很难想象三星公司（Samsung）或微软公司（Microsoft）——两者都在拼尽全力地与苹果公司竞争——会说："这个特性真是棒极了，让我们把它留到明年再用吧。"

如果再想一想其他种类的数码产品，你还是会看到一些更令人安慰的消息。个人电脑的迭代周期曾经也类似于"两年换新机"，但是如今，在我们更换自己的苹果电脑和个人电脑之前，它们一般都已经工作了五六年的时间。这在很大程度上是因为平板电脑的兴起，还有部分原因是个人电脑已经没有什么创新了。

最后，别忘了这一点：我们并不是任人宰割的羔羊，只等科技公司一声令下，就会温驯地掏出腰包。只要你原有的电子产品在运行所需软件时速度依然够快，你完全可以拒绝新款产品的诱惑；促使你作出升级决定的，应该是电子产品本身的实用性，而非唯恐落于人后的攀比心理。

斟酌一下，2013 年的新款产品所提供的新特性，是否真的值得你升级。有的新产品会让你的生活发生巨大变化，节省你的时间，比如，升级到一部网络连接速度快得多也稳定得多的 4G LTE 手机。至于其他的，就像三星 Galaxy S 手机上一些"花拳绣腿"的特性，并不比一款不完善的演示版软件更有用，比如语音翻译应用。

没错，技术升级的引擎——尤其是在手机和平板电脑领域——的确要比消费电子产品的其他领域运转得更快、更狂热。但消费市场并不是类似于"我们是任人摆布的棋子，而他们是主宰我们命运的领主"这么简单。消费电子产品的迭代周期受某些更重要因素的主导——技术进步，各类数码产品的新兴与衰亡，还有我们自身追求新事物的欲望。一句话，有条件升级并不意味着你就非升级不可。（翻译 薄锦）

科技信徒背后

消费电子产品政治。

撰文 戴维·波格（David Pogue）

我做消费科技评论员已有10多年了。这些年来，恐吓信已经成了我日常工作的一部分。

早些年，我觉得我能够理解恐吓信的出现。回想起来，当时的恐吓信全是围绕着微软与苹果之争。人们纷纷站队的原因不难理解：处于弱势的苹果正在挑战微软这个已经站稳脚跟的巨人。选择其中一方来支持，是件蛮有乐趣的事。

然而在今天，科技界中出现了信徒派与抵制派，他们随时准备攻

击每一种可能出现的立场——所谓“立场”，自然就是指“公司或产品”。提到几乎任何一个响当当的名号，比如iPhone、Android、Kindle、佳能、尼康、谷歌、Facebook，当然，还有苹果跟微软，都会刺到某人的痛处。

我们谈论的不是彬彬有礼的争论，而是谩骂、挑衅、暴怒，特征集所有现代打压手段之大成（暗讽对方脑残的后缀“-tard”随处可见），全都是针对消费电子产品的敌对性言论。

在科技大会上，我们这些专栏撰稿人总会互相比较各自收到的恐吓信中的敌意字句。不管你觉得自己的看法有多公正，总会有人向你发难。

2010年苹果推出iPad时，我做了一次大胆的尝试，在《纽约时报》的同一篇专栏文章内表述了立场相反的两种评论。半篇是写给信徒派看的——全是正面言论；半篇是写给抵制派的——全是负面言论。我心想，这样肯定能让所有人都满意。不可思议的是，这一伎俩没讨好到任何一方。苹果黑在博客中大肆批判我写给iPad的“情书”；苹果粉则为我笔下的“恶意中伤”暴跳如雷。双方都无视了我的另外半篇评论！

后来我才明白，当时的我正是见证了一种已经得到充分证实的认知偏差现象：敌意媒体效应。这种现象是指，当人们对某事物持有鲜明论点时，相关内容的媒体报道，不论报道本身如何中立，在他们看来都会倾向于与他们观点相对立的一方。不过这种现象通常出现在政治领域，而非电子产品领域。这只能说明一件事：消费电子产品的品牌事实上已经开始具有了政治性。

这是怎么回事？上帝啊，为了选个手机，人们为何把自己搞得暴躁异常？

首先，科技公司在这些年里，非常注重将自家产品与风格、形象联结在一起。那些五颜六色、满是剪影舞动的iPod广告从来不会提及任何一项性能，只是宣扬它会让你显得有多新潮。广告似乎在暗示“不买你就没有身价”——于是突然之间，如果有人轻慢你用的电子产品，就是在轻慢你这个人。

其次，消费电子产品都很昂贵，而且很快就会过时。你等于是在投资你的消费优越感。人们看到你用某件产品，就会对你的选择加以评判——因此你就要捍卫你的选择。侮辱我用的产品？那就是在侮辱我本人。

当年的苹果弱势现象也仍在上演——只不过情况现在已经反过来了。苹果如今已是音乐播放器、平板电脑以及应用类手机领域内的霸主。忘了苹果在 1997 年鼓励我们要“不同凡想”（Think different）的那些广告吧。在今天，如果你买苹果的产品，那你可不是什么打破传统的人，而是随大流者。那些一度因苹果身居弱势而支持它的人，如今则会抵制它。

基于同样的道理，Facebook 与谷歌由于自身的发展壮大与日渐繁荣，也招来了针对他们的抵制性群体。规模与成功，自然会招致猜疑与讥讽。

可为何是消费电子产品？在服饰店、保险公司和银行等竞争激烈行业的顾客当中，你不会遭遇偏激至如此程度的派系歧视，而那些企业同样都是些大公司呀。而且为何是如今？我的意思是，20 世纪 50 年代的人们不会为了他们在烤箱上的不同选择而怒斥谩骂，或者 80 年代的小帮派们不会为了发胶的牌子而展开群殴吧。答案很简单，因为互联网效应。会将自我价值建立在自身所用消费电子产品上的那类人，恰恰就是那些生活在互联网世界中的人，而网络世界里的礼仪标准跟现实世界是大相径庭的。在网上，你是匿名的，所以你感受不到与你亲身面对他人时同等程度的冲动自制。

那么这场电子产品大战还有没有和解的希望？答案是没有。只要在网上还是没人知道你的真实身份，只要那些消费电子产品公司还是会每半年就推出一个新型号，只要他们的营销机器仍在促使我们相信我们的自我价值全取决于我们携带的产品品牌，就不会有任何希望。

当然，这只是我的一家之言。如果你不同意我的观点，那你就是“脑残”（-tard）一个。（翻译 薄锦）

消费电子废品

新买的电子产品很快就会过时，但别直接丢入垃圾箱里。

撰文 戴维·波格（David Pogue）

公众总是时不时地发难，要求某一产业提升环保水平。于是，在汽车领域，现在有各种混合动力车、电动汽车和新能源汽车出售。饮料企业在生产瓶子时，塑料的用量也远远少于当年。在数项新法规的震慑下，可形成酸雨的化学物质排放量较 1980 年已经减少了 76%。

然而，偏偏有项产业仍在不断地为环境增加沉重的负担，只因它毫无这方面的公众压力。那就是消费电子业。

你知道人们每年都会消费数十亿部手机吗？还有上亿部的相机，以及数不尽的笔记本电脑、游戏机、电视机和音乐播放器，那些被我们淘汰的旧产品，大多就此葬身于垃圾场内。美国环保局的数据显示，美国人在 2007 年总共扔掉了重达 225 万吨的电子产品，其中 82% 都被送进了垃圾填埋场。这可是一大堆你绝对不想让它们渗入供水系统的毒性化学物质和有害金属。

那公众抗议的声音呢？那些公益广告、游说者、高涨的全民意识，都去哪里了？它们变得悄无声息的原因很简单，消费电子业的商业模式中最为核心的“即用即抛性”对相关群体中的任何一方都有着莫大的诱惑力。

把你的旧汽车、旧衣服、旧婴儿用品、旧家具送人或是卖掉，都是件很容易的事；在你用过之后，它们仍可能保留着使用价值。但电子产品呢？恐怕就没多大用了。谁会想要你用了 5 年的老手机、黑白屏的 iPod 以及 200 万像素的数码相机啊？

美国电信运营商 Verizon 为手机提供免费升级的活动，名为“两年换新机”（New Every Two，即每两年便可免费换一部新款手机）。该活动前不久宣告终止，但这足以让人看清美国人对最潮的电子产品的追捧。大多数人都会因仍用着 3 年前的手机、相机、音乐播放器或笔记本电脑而窘迫不安。他们发现，最新的电子产品更美观、更快速，也让他们显得更酷。转念间作出决定：是时候换个新型号了。

这就是消费电子业的商业模式，而且出奇有效。无论是消费者还是生产商，都从未想要改变。厂商不会有缩减款式的打算，消费者也不希望它们那么做。那该不该让大家痛改前非，振臂高呼“停止对消费电子产品的改进”或者“放慢前进脚步”呢？

不。最实际的做法是不干涉它们的商业模式，而是在两大阵线上与它造成的浪费性后果作斗争。首先，我们可以向电子厂商施压，促使他们降低产品的有害程度。有些以前从来没人在意的因素（牛奶的激素含量、汽车的油耗），如今已成为营销的重点所在。电子厂商又为什么不能在广告里标榜一下能源效率、无毒成分与最简包装呢？

苹果就是这么做的。公司网站上的环境影响报告中（www.apple.com/environment/reports）明确记录了苹果每一款产品对温室效应的影响，不仅包括用户使用期间的数据，甚至还涵盖产品制造以及回收再利用的阶段。苹果也大力标榜公司简洁的产品包装、具回收价值的材料（如铝）以及无毒化学成分。这种以环保措施为卖点的做法，其他厂商没有理由不去效法。

其次，消费者在弃用原有电子产品之后，应该考虑再利用。如果成色尚新，你可以卖掉它们——放到 eBay 上，或是交给 Gazelle.com 等二手商务网站。它们会给你一个邮递包装箱，买下你不要的产品，然后转售或回收。

如果你的废弃品实在老旧得没法出售，还可以把它们送到 Best Buy、Target 或者 Radio Shack。这 3 家企业的零售店均受理各式电脑、GPS、电视、打印机、显示器、电线电缆、手机、遥控器、耳机等废旧电子产品的回收。你还可以因此享受到购买店内新品时的折扣，或是获赠代金券。

谁都不会每隔一年就去买台新冰箱或闹钟，因为这类产品的功能业已成熟。同样的情形也可能发生在手机、相机等产品上；如今人们使用一台电脑的年限，就已经比 10 年前更长了。

与此同时，我们现在就可以着手改善局面，也不用让谁做出多大牺牲。促使厂商在环保方面努力，也敦促消费者把废旧电子产品送到 Best Buy 或者 Radio Shack。为世界做点这样的善事，再简单不过。（翻译 薄锦）

电子产品败笔何在

消费电子行业最惨痛的几次失败所带来的教训。

撰文 戴维·波格（David Pogue）

老人们常说，你能从失败中学到的要比从成功中学到的多。好吧，倘若此言不虚，那么消费电子行业现在也该拿到硕士学位了吧。苹果与摩托罗拉当年推出的第一款 iTunes 手机 ROKR E1，竟很傻很天真地将曲库容量上限设为 100 首。当年的谷歌 Wave，则是款混乱且复杂无比的网络软件。还有智能手机 KIN，耗费了微软数年时光与近 10 亿美元资金，但面世仅仅两个月就退出了市场。（我倒不是存心拿微软说事儿，不过大家别忘了，该公司还出过无线手表 SPOT、无线显示器 Smart Display 和无线音乐播放器 Zune。事实上，除了 Xbox 和一些 PC 外设，微软还成功地推出过什么新硬件吗？）

每当好莱坞发现某部杀青影片拍得太烂，就会把它就此封存，从而省下数百万美元的宣传发行费用。科技业为什么不学学这招？难道这些公司并没有意识到自家的产品会全军覆没？

这似乎很难让人相信。随便找个人都能看出这是些败笔之作，有些甚至听听介绍就知道。（“等等，微软在卖一款手表，每月要交 10 美元服务费，两天就得充一次电，如果不在你所属服务区内就功能全废？你是开玩笑的吧？”）

聪明的公司应该对业内前辈败走商界的事故现场加以检视，了解一下其中的成因。例如：升级悖论。硬件与软件这两大行业采用的都是同一种商业模式：每年推出一个功能更多的新版本。这种做法一开始很有效。每当新品推出，我们这些用户就会兴高采烈地升级到最新版。科技公司则留住了回头客。然而，一味地堆砌新功能，到头来并不会提升产品，反而会损害它。正如史蒂夫·乔布斯说过的：真正的艺术是知道该去除什么，而不是添加什么。

好设计难求。我们的科技产品受限于相互冲突的设计诉求。我们希望自己的电器小巧便携，但又想要大屏幕和键盘。我们希望自己的设备既物美又价廉。我们希望它们性能卓越又能持久续航，功能丰富又简单易用。要找到一个能在以上所有要求间达到精妙平衡的设计，难度可想而知。

开发进度压力。开发进度滞后的产品远远多于进度超前的产品。与此同时，投资者却想尽快收到回报。这便导致新产品面临严峻的面世压力——尤其是要抢在节假日上市——纵使大家明知产品还不够成熟。这就是黑莓第一款触摸屏手机 Blackberry Storm 的悲惨命运。它最早的版本问题多多，虎头蛇尾，以至于沦为网络上的笑柄。

先推再补症候群。科技企业似乎认为，大可先推出一款开发不足的产品（尤其是软件和网站），任它漏洞百出、设计拙劣，只要后来针对这些缺陷进行修复就行。“不过是款软件而已，”他们会说，“就让我们的第一批用户做小白鼠吧。”

这算不错了——除非你的产品实在糟糕透顶，根本撑不到下一个版本的出现。当心落得跟《御用杀手：踏上征途》（*Remo Williams: The Adventure Begins*）一样的下场——这部电影拍得太烂，那位杀手的征途再也没能继续下去。

百老汇没落效应。我曾在百老汇干过 10 年的音乐剧指挥兼编曲，许多作品都无人问津（希望这不是因为有我参与的缘故）。剧组里每一个人都心知肚明：自己参与的这部作品注定不会卖座。但从来没有人会说出口。大家只是来上岗做工的，老板怎么说，我们就怎么做。为什么？因为大家都是拿钱做事。如果我们跑去跟老板说，皇帝身上没穿衣服，那一定是脑子进水了。

就算技术开发团队知道自己的产品是滩烂泥，也不可能道破实情——反倒有很多动机让大家低头不语，眼睁睁地看着它走向败局。

所以，没错，消费电子败笔之作的成因各式各样。有意思的是，问题出在技术本身的时候实在少之又少。更多的时候，真正的问题在于简单的人性。（翻译 薄锦）

“大数据”需要“大理论”

在数字化时代，我们需要掌握有关复杂性的普遍规律，来解决一些看起来难以应对的问题。

撰文 杰弗里·韦斯特（Geoffrey West）

随着我们这个世界变得日益复杂，并且事物相互间的关联性日益增强，我们面临的一些重大挑战似乎已开始变得难以应付了。我们应该做些什么事情，来解决金融市场中的不确定性问题？我们应该如何预测能源供应和需求量的变化趋势？气候变化将如何发展，其结果如何？我们该如何应对城市化的快速发展？我们解决上述问题的传统方法往往是定性的和非系统性的，这常常会带来意想不到的后果。为了给在这个时代我们所面临的挑战提供科学严谨的解决方法，我们必须对复杂性（complexity）本身有更深入的了解。

复杂性意味着什么呢？当一个系统存在着许多部分，这些部分能以各种不同方式相互影响，以至整个系统表现出了生命的特征时，复杂性便开始起作用：这个系统会随着条件的变化而不断发展演变，使自己继续存在下去。这个系统还可能产生一些突然的和似乎无法预计的变化——市场崩溃便是其中的一个典型例子。一个或多个发展趋势会通过一种“正反馈回路”强化其他一些发展趋势，使事态迅速失控并超越临界点，一旦超越临界点，系统就会发生根本性的改变。

使“复杂系统”如此令人头疼的是，它们的共同特点无法轻易地根据其基本组成部分加以预测：其系统整体大于，并常常明显不同于其各部分之和。一座城市系统远远大于其建筑物和居民的总和。我们的身体系统大于我们的全部细胞之和。这种特性被称为突发性行为（emergent behavior），它是社会经济、金融市场、城市社区、公司企业、生物体、互联网、星系和卫生保健系统的固有特性。

现在，我们正看到，人们的生活节奏越来越快，复杂性日益增加，而数字革命正使这一切进一步加剧。但是，数字技术同样也给我们带来了机会。无处不在的手机和电子交易，使用越来越广泛的个人医疗诊测技术，以及电子化的“智能城市”，都已经在为我们提供大量的数据。随着新型计算工具和技术的应用，对大型的、相互关联的数据库中的数据进行整理汇总的工作能更好地进行。科学研究、工程技术、公司企业和政府部门的研究人员和从业者已开始使用大规模的模拟技术和模型，对很多问题进行量化分析，包括一个社会怎样才会开始互助合作、促进创新发展的条件以及冲突蔓延和发展的过程等。

而麻烦在于，我们没有一个解决复杂性问题的统一概念框架。我们不知道我们需要何种数据、需要多少数据以及我们应该去解决哪些关键问题。“大数据”（big data）没有一个“大理论”（big theory）伴随，会失去其效力和

实用性，有可能产生一些新的意想不到的结果。

当工业时代以多种形式——蒸汽、化学能、机械能等——将社会的注意力集中在能源上时，热力学的普遍规律便应运而生。我们现在必须问一问，我们的时代能否产生一种复杂性的普遍规律，将能源与信息融合在一起？各种事物有极大的多样性，历史有偶然性，而金融市场、人口、生态系统、战争和冲突、流行病和癌症之间还有关联性，超越这一切的基本原理是什么？原则上说，对复杂系统进行总体预测的数学框架，应该能将任何一个复杂系统的动力学和组织结构纳入一个可量化计算的框架中。

我们可能永远无法对复杂系统作出详细预测，但是我们却能对复杂系统给出粗略的描述，从而对其基本特征进行量化预测。我们无法预测下一次金融危机将在何时发生，但是我们应该可以预测，在未来几年内发生一次金融危机的概率。该研究领域处于对科学各学科广泛综合的范畴之中，有助于扭转目前的科学研究朝着分散细化和专业化发展的趋势。此外，对复杂系统的研究，正在使科研工作朝着这样一个方向摸索前进，即在一个更加统一的、整体的框架内解决社会重大问题。人类事业的未来很可能就依赖于这一研究。（翻译 詹浩）

“好莱坞”范儿的制造业

随着 3D 打印的普及，在不远的将来，制造业将像电影业一样，需要“好莱坞”范儿的团队和工作流程。

撰文 J·P·兰加斯瓦米
（J. P. Rangaswami）

我爱字典。我喜欢坐下来阅读字典，在构成故事的那些字词之间神游。就是在翻阅字典的时候，我第一次读到了“制造”一词的最初定义。

17 世纪的《牛津英语词典》初版给“制造”下了这样的定义：“用

手做东西的动作或过程。”另外一条 17 世纪的定义是这样写的：“用双手工作；用手工制作的行业，手工业。”

这些原始的定义现在多半已经过时。自工业革命以来，我们已经把“制造”一词，和大规模、集约化、以机器驱动的材料与商品制作联系到了一起。

然而用不了多久，普罗大众就将再次获得在家中“制造”东西的能力——我们将用双手操作新型的机械和智能设备，因为 3D 打印将使制造回归本源。

20 世纪 90 年代，我第一次见识了 3D 打印机工作的情景，当时就被深深迷住了。传统制造业的加工方式做的是“减法”——切、凿、磨、锉；而 3D 打印的方式则是“加法”——把材料一层一层地叠加上去。当我见识到有人用 3D 打印的方法矫正婴儿腭裂时，我惊讶得忘记了呼吸。传统的手术方法是侵入式的，造成的痛苦之剧烈，到了野蛮的程度。而新技术却能使每个生病的孩子很快重获微笑。

如今，3D 打印的使用已经普及开来。它能够制造出遗失的拼图、螺旋桨、头骨碎片、身体部件（以前只有骨骼和关节，现在连脏器也可以了）、新型材料、化学药品和各种尺寸的容器，甚至整栋建筑都能打印出来。

要不了多久，制造就会变得和烹饪越来越像。你可以自己准备原料，不过那需要高超的技术。你也可以让别人为你预先准备好原料，再由你将原料组合成“菜肴”，甚至组合出一桌子菜。整个过程可以根据每道“菜肴”的时间、成本和品质加以调整。

产品说明书，也就是“食谱”这部分，才是智力价值真正之所在：原料可以组合出什么东西来？如何组合？组合的过程是否安全可靠，可以重复？除此之外，还有什么替代方案？每一次生产都有什么可以改进的地方？

如果“菜谱”成为了创造过程的关键，那么世界将会变得怎样？世界将会迎来新一代的创造者，他们能够在实验室里安全地实验各种生产方法，还能在新方法推广之前验证它们的成效。到那时，各个行业的专家将聚集在实验室内，将物理、化学、生物、电子、设计、社会学、人类学和法律方面的知识用于生产。同时，他们还会得到各种所需的工具和机器用来实验、研究、改进、再实验，并最终生产出可靠、安全、价钱合理的产品。

要使这个过程变为现实，我们可以借鉴电影业的经验。

在电影业，我们有的不是实验室，而是摄影棚。从事生产的不是发明天才，而是明星。在背后支援的不是各路专家，而是剧组。主持大局的不是创意人、投资人，而是导演和制片人。

电影从业者了解制片过程，了解不同类型影片的风格，了解什么是票房保证，也了解剧本——也就是像“菜谱”一样的产品说明书。

我们所知道的好莱坞的编导们，按照剧本“生产”出我们在影院里欣赏或在家里舒舒服服观看的东西。现在，一个新的制造业“好莱坞”正在崛起，它的从业者编写、发布新的“剧本”，消费者个人或企业再按照那些“剧本”从事生产。当所有人都能用这种方法生产出供饮食、养生、医疗和娱乐的东西时，“制造”的最初意义也将得到复兴。（翻译　红猪）

稀有元素决定未来

价格低廉的清洁能源，依靠的是一些鲜为人知的元素。

撰文 萨利姆·阿里（Saleem H. Ali）

硅时代存在这样一个问题：它的魔力完全依赖于一些稀有元素，但这些稀有元素的数量远少于沙滩上的沙粒。有些元素还不只是“稀有”而已，很多人甚至连它们的名字都没听过。然而，它们却对发展绿色经济至关重要。钇、钕、铕、铽、镝，这些元素名称怪异，却是节能灯、强大的永磁体等技术的关键所在；镓、铟、碲则是太阳能电池板上光伏薄膜的必需材料。以上几种元素中，前 5 种已被美国能源部列为发展新技术的“关键材料”，目前却面临供应中断的危险。后 3 种元素以及锂元素——锂可以为小到手电、大到混合动力汽车的设备提供电力——的全球产量，则在美国能源部专家的密切监测之中。

2014 年年初，为避免稀有元素供应短缺，美国能源部作出重大举措，斥资 1.2 亿美元成立关键材料研究所（Critical Materials Institute）。研究所由美国艾奥瓦州的埃姆斯实验室（Ames Laboratory）负责，并由 17 家政府背景的实验室、大学和企业提供支持。关键材料研究所的成立，显示了美国政府在新兴研究领域上的投资倾向。可惜的是，这个项目和最初的曼哈顿计划一样，更多是为了应付国际冲突带来的威胁，而非真正出于科学合作的理想。几乎可以肯定的是，美国国会拨款开展这个项目，是因为议员们的种种担忧：中国在多种关键元素的储存量上拥有巨大优势，而玻利维亚意欲成为“锂元素的沙特阿拉伯”。

至少对美国来说，这些担忧或许无可避免。美国历来非常重视中国，在关键元素市场上，中国掌握着大部分资源，比如稀土元素钕、铕、铽和镝。

尽管名字奇怪，这些稀土元素的储藏量却比黄金和铂金高出许多倍，分布在全球各地。但近几年来，中国采掘、提炼的稀土元素占全球市场份额的 90% 以上，在关键材料市场上发挥着举足轻重的作用。

为了保护环境，中国并没有大肆开采稀土，尽管这样的做法遭到美国、欧盟和日本的抗议，并向世界贸易组织提出了申诉。为缓解稀有元素短缺的情况，美国意欲重新启用废弃的开采设施，日本也宣布发现大量的海底稀土矿藏，稀土短缺的状况可能不会持续太久。

玻利维亚的锂资源则是另一种情况，这个贫穷的内陆国家需要开采锂元素来促进经济。锂是最轻的金属，有着很强的反应性，因此能以最小的重量和体积储存电力。全世界已知的锂元素储量，至少有一半位于安第斯山脉的一小块区域中，那里恰好是玻利维亚、阿根廷和智利的接壤处。

我们并不只是为了富人们把玩的新奇电子设备，才在这里为关键材料的稀缺担忧。研究关键材料最重要的目的，是更有效地利用能源。世界上仍有1/5 的人享受不到清洁、廉价的电力，保证稀土元素和锂元素供应畅通，可以最终解决这个问题。开展国际合作有助于推动这一进程。美国国家科学基金会（National Science Foundation）已在北京开设办事处，这是个很好的开始。我们需要更多类似的途径来促进稀土的合作研究。同样，美国也在帮助玻利维亚开发乌尤尼盐沼（Uyuni salt flat），试点工厂已于 2013 年初开始运营。

相互合作能把各国聚集起来，就矿产资源的供给安全达成一项全面协定。我们已经有一定的基础，比如针对汞元素签订的《关于汞的水俣公约》（Minamata Convention on Mercury）就是为了减少有毒金属的排放和使用。人类的健康和繁荣有赖于合理利用自然资源，对关键材料的需求可以促进国际合作，毕竟，这些材料能真正将世界“照亮”。（翻译 张逸夫）

聪明电极，你敢用吗？

我们是否应该利用外部设备，把自己升级成更聪明、注意力更集中的版本？

撰文 罗伊·汉密尔顿（Roy H. Hamilton）
吉哈德·扎里伊克（Jihad Zreik）

我们很难想象一个不愿变得更聪明的人——哪怕他已经很聪明了。得益于神经科学领域的最新成果，“认知增强”的美梦似乎就要成真了。研究人员正在用前所未有的技术，寻找提高我们大脑功能的方法。现在，摆在我们面前的问题只有一个：你真的愿意生活在那样的世界吗？

现在发问或许已经太迟了。现代社会已经欣然接受了“人工微调智力”的基本理念，我们可以把这种方法称作“神经整形学”（cosmetic neurology）。学生们在服用治疗多动症的药物阿德拉（Adderall）和专思达（Concerta）来集中注意力，家长和老师依赖着抗抑郁和抗焦虑药，励志书籍则向普通人展示着神经科学领域的最新成果，教导他们如何更清晰、更敏捷地思考。

“认知增强”领域还有一种先进的方法，那就是“经颅直流电刺激”（transcranial direct-current stimulation，缩写为 tDCS）。人们可以将电极安在头皮上，对大脑施放微量的电流。电刺激似乎可以略微升高电极附近的神经元细胞膜上的电势，提高或降低神经元的放电概率，使记忆、语言、情绪、运动能力、注意力以及其他认知能力发生可见的变化。

研究人员尚不确定 tDCS 是否会对神经系统造成长期影响。虽然大多数测试只表现出了短暂的效应，但也有少量证据显示：反复的电刺激也许会产生更为持久的效果。tDCS 尚未通过美国食品药品监督管理局的审批，专家们一致认为，这种疗法必须在严格的监管下才能进行。不过话说回来，只要不滥用，tDCS 还是安全的，而且操作设备便携，过程简单，价格也便宜。

这个“电击大脑”的点子太过简易直白，引得一些 DIY 爱好者不顾警告，搞出了自己的“家用电击设备”。尽管不是所有人都那么随意和洒脱，但大脑电刺激确实有潜在的市场。最近的一项网络调查显示：87% 的调查对象愿意为了提高学习或工作效率而进行 tDCS。

我们是否应对这样一个“自我升级”的机会持欢迎态度，把自己升级成更聪明、反应更快、注意力更集中的版本呢？尽管一些神经科学家直言赞成将这种“聪明电极”普及开来，其他很多人（包括我们）却对此心存疑虑。

安全问题是所有生物医疗设备的首要关注点。此外，我们还需要考虑分配的公平性问题：如果 tDCS 普及开来，富人会不会利用它巩固自己的特权地位？

更复杂的事情还在后面。我们可以想象，tDCS 之类的大脑操控技术或许能让使用者重构自己的神经系统，从而改变对其至关重要的认知体验与自我意识。在逻辑上，以上思考可以归结成这样一个问题：人们是否会最终找到“改造自我”的办法？此外，人们是否有权强迫他人，比如学生、工人、士兵，为提高某些技能而改造神经系统？社会允许这种事情吗？当人们超越生理极限建立起精神家园时，当一个按钮就能解决所有的认知难题、化解所有的情感危机时，人类是否会失去某些重要的东西？

这些极端情况真的会发生吗？我们并不清楚。然而，这些问题确实值得思考，以免我们在作决定的时候犯下无心之失。等到社会可以更好地权衡“认知增强”的利弊时，我们需要逐一评估每一项相关技术。一旦相应的疗法得到普及，科学家和医疗从业者要担负起责任，教会公众如何安全、合理地使用它们。在那之前，尽管 tDCS 和其他相应的认知增强工具相当令人激动，我们仍必须保持谨慎的态度。（翻译 张逸夫）

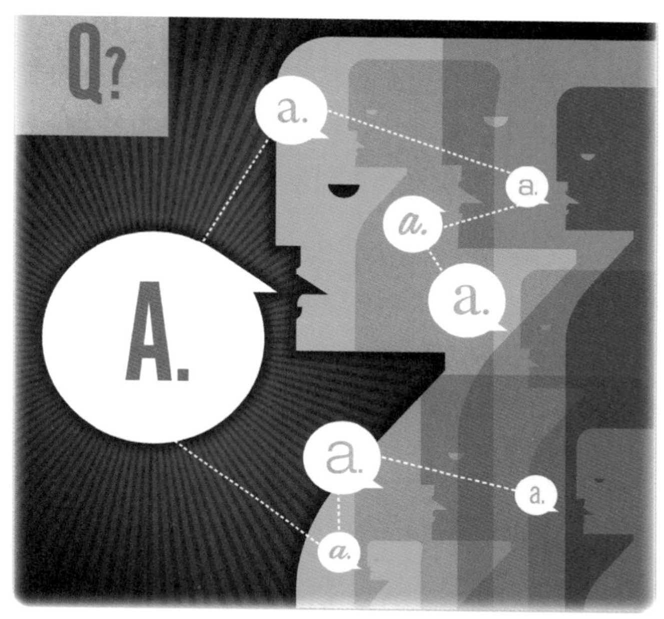

“人肉”时代

为了找到最佳答案，数字化服务平台仍须仰仗“人肉”的力量。

撰文 戴维·波格（David Pogue）

互联网传输的海量信息来势汹汹，但能准确过滤无用内容，并且在用户需要时提供有效帮助的信息管理技术仍然非常不成熟。不信，你可以试试在谷歌上查询“应该为10岁孩子买个什么样的口琴”，看看能否找到满意的答案。

面对窘境，一些新兴服务平台将某些疑难问题发布给成千上万的用户来解答，意外地获得了非常贴切的答案。众包信息（informational crowdsourcing，即集合众人力量来提供有效信息）的理念由此应运而生。

在一些简单的网站，比如 Yahoo Answers 和 Answerbag，你可以将问题留给其他所有用户，等待别人来答复。"哪种啤酒适合从没喝过酒的人""打屁股是有效的惩罚方式吗""色情聊天室属于欺诈行为吗"这些问题都可以发布在网站上等待解答。

这种交互是一种相当粗糙的众包信息形式。用户无法决定谁来回答自己的问题，回复问题的用户无须留下真实姓名，等待答案也许会花费几天甚至几周的时间。即便如此，了解其他人的想法仍是件令人着迷的事。

如果想尽快得到答案，你可以致电 ChaCha 或此类通信服务平台。拨打 800-2CHACHA 并提出问题，大约 1 分钟后，简洁明了的答案就会以短信形式发送到你的手机上。

假如你去询问"太阳、月球和地球同在一条直线的现象称为什么"，你会收到如下的答案："三个天体位于同一直线（例如发生日食或月食时太阳、月球和地球的位置）称为朔望（syzygy）。"

电话的另一边其实有很多人为你答疑解惑。换言之，这就是你的私人智库。他们使用谷歌或其他查询方式获得答案并发送给你，每条答案获得 20 美分报酬。文本信息底部则附带一行广告，为此，广告商需要支付整个流程产生的所有费用。

ChaCha 这类服务平台可有效地提供事实明确的信息，比如"最晚离开芝加哥的是哪个航班"；却难以在特殊情况下提供建议，比如"我该如何惩罚青春期的孩子"——这里需要更切题、更具体的回复。假如你已经在 Twitter

上和志同道合的朋友形成了一个交际圈，你就能够立刻获得非常技术性或专业性问题的答案。只要这些人和你有类似的工作背景或处于相同的领域，你就能迅速得到专业解答，并不需要你本人拥有一大群粉丝。

Aardvark 或许可以算作终极即时查询平台。它结合了 Twitter 的交际圈和 ChaCha 的实时交互等功能，并拥有类似 Yahoo Answers 和 Answerbag 等网站的大量潜在用户。无论是客观事实还是主观意见，查询起来都得心应手。

使用 Aardvark，用户首先要在网站上注册，然后利用邮件、即时消息、Twitter 或者 iPhone 应用程序提交问题。

网站后台通过特定方法，在用户拓展的社交圈中找到能够回答这个问题的人。该平台会分析用户所有 Facebook 好友的简介和兴趣，必要的时候好友的好友甚至好友的好友的好友也会加入进来。系统的通信范围仅限于 Aardvark 用户，并且每次都会限制接收问题的用户数量，因此提交诸如酒店查询这类简单问题时，你不必担心它会向你的所有联系人发送垃圾邮件。

这个过程你是看不见的，你能看到的只是短短数秒内便可以获得两三条专业的、经过深思熟虑的回复。Aardvark 检索最佳答案效率之高吸引了谷歌的关注，并被后者于 2010 年 2 月份花费 5,000 万美元收购。幸运的是，正如本文介绍的其他查询平台一样，Aardvark 的服务时至今日仍然免费。

造就这些不可思议且免费的查询平台的，并非技术变革，而是人类的心理。人们热衷于伸出援手，喜欢体验被他人需要的感觉，希望表述自己的观点。换句话说，Aardvark、Twitter 等各种免费查询平台虽然是设计精巧的新颖交互渠道，而让它们发挥作用的还是人类本身。（翻译 黄翔）

有人偷窥又何妨

在这样一个彼此互联的世界里，对于隐私的保护有些草木皆兵。

撰文 戴维·波格（David Pogue）

2004 年，谷歌公司推出了功能强大的 Gmail 邮箱服务：一个账户可以拥有上千兆字节的超大存储空间，是当时微软 Hotmail 邮箱服务提供容量的 500 倍。正因为有了超大的存储空间，Gmail 在推出伊始甚至都没有设置删除邮件的选项，而且 Gmail 是完全免费的。

并非所有人都为此欢呼雀跃。Gmail 在提供免费服务的同时，也会扫描邮件内容，并在右边栏插入与邮件内容相关的简短文本广告，以此赚钱。这一举动令隐私权拥护者们勃然大怒。尽管 Gmail 是根据某种软件算法检索邮件的关键字，而并非人工查看邮件内容，但对隐私权拥护者们来说，这一点似乎并不重要。美国电子隐私信息中心呼吁谷歌关闭 Gmail，一位加利福尼亚州议员甚至提交了一份议案，要求裁定检索邮件内容为非法行为。

两年后，一项名为未来电话（Futurephone）的服务应运而生，任何人都可以通过此服务免费无限量拨打海外长途。你需要做的只是拨打艾奥瓦州的某个电话，然后按照提示输入号码，根本不需要你提供姓名、电子邮件地址或其他任何信息。

我在《纽约时报》上撰文评论这项服务时，还以为是给读者帮了一个大忙，结果却引起了轩然大波。他们绞尽脑汁想要找出未来电话服务的盈利模式。许多人认定这是一场精心策划的阴谋，目的是获取用户的电话号码。

我在博客上发文回应：明明随手翻一翻黄页就可以找到一大堆美国最重要的电话号码，未来电话何必如此大费周章呢？那些忧心忡忡的读者如此回答：好吧，既然如此，那未来电话肯定是在窃听我们的通话内容。

对许多人来说，似乎在网上花的时间越长，碰到以个人隐私换取便利的机会就会越多。百货店认同卡（affinity card）可以让持卡者享受折扣，同时也会记录他们买了些什么、吃了些什么。亚马逊商城（Amazon.com）会亲切地称呼着我们的姓名并向我们问候，同时也会记录我们购买过哪些商品。社交网站 Facebook 已经收集并建立了人类有史以来最大（超过 5 亿注册用户）的个人信息库。

当然，以隐私换取便利的交易已经存在多年。信用卡会留下交易信息。电信运营商会保留你的通话记录。住有所居虽是赏心乐事，但购置房产会留下你所在何处的永久记录。

人们当然有充足的理由保护自己的某些隐私。我们肯定不希望自己的医疗记录或财务记录妨碍到自己找工作或是与人约会，我们或许也不愿意将自己的风流韵事或政治倾向公之于众。然而除了上述这些显而易见的特例，对隐私泄露的恐惧一向是一种感性反应，而非理性思考。（真的有人在意你买了哪些日常用品吗？就算真有人在意，那又如何？）在网络世界中，这无非是对未知和新事物的恐惧罢了。

假以时日，未知总会变成熟悉，每一波对网络隐私泄露的恐惧似乎都会烟消云散。如今已经没有人在意 Gmail 检索邮件内容插入广告的行为了，甚至中老年用户也开始注册 Facebook 账户了。

年轻人难以理解为何他们的长辈会因为隐私问题如此耿耿于怀。事实上，网络服务对于年轻人的全部吸引力就在于有目的地传播个人信息。Foursquare、Gowalla 和 Facebook Places 等网站甚至可以发布用户当前所处位置的信息，以便好友了解你的行动路线（当然也方便他们随时与你会合）。

假如你曾经也觉得谷歌 Gmail 的盈利模式超越了隐私底线，那你一定也会为下列发展动态惊慌失措：谷歌公司正在收集有关我们看什么电视节目（谷歌电视）、去什么地方（谷歌地图）、与哪些人通话（Android 系统智能手机）、有哪些言论（谷歌 Buzz 服务）、在网上做哪些事（谷歌 Chrome 浏览器）等信息。

不过，我们的一部分隐私领地已经丧失已久。你感觉到的恐惧或许是真实的，但真有人查看你那些生活琐事无聊细节的可能性非常之低。就如同人们对飞行事故、被鲨鱼袭击或被闪电击中的恐惧一样，你的大脑未必给你的内心提供了切合实际的信息。（翻译 黄翔）

见证永远

数字照片、数字视频很棒，但不要指望它们能一直保存下去，让子子孙孙都能看到。

撰文 **戴维·波格（David Pogue）**

迟早有一天，一切都会数字化。录音、录像、电视信号、照片，还有书籍，都不例外。

这很美妙，是吧？数字化意味着即时存取，意味着可以无数次复制而不必担心质量受损，还意味着可以即时传播到全世界。但是，我们必须赶紧让自己勤快起来，否则这可能会对我们的文化留存造成致命打击。

就拿摄影来说吧。我们很清楚150年前的人长什么样子，因为那些照片——没错，就是模拟格式的传统照片，到现在还看得到。

可如今，人们还会印些什么照片出来呢？也就只有几张比较特别的罢了。绝大多数数字照片都是用显示屏来观赏的。这种方法很便捷，视觉效果也不错，尺寸要比常见的6寸照片大得多。可是，不要说150年，它们能够保存50年吗？

这需要大量假设。首先就要假设，150年后仍然存在JPEG这种目前最常用的数字照片格式。JPEG有机会搏一下，毕竟全球图片文件数量有数十上百亿，不过将来如何也很难说。目前还没有哪种电脑文件格式的存在期限超过50年。

而那些不够主流的文件格式，处境将更加严峻。保存视频文件，就会是一场噩梦。数字摄像机的历史尚短，我们就已经创造了成堆的文件格式：MPEG-2、AVCHD、MiniDV、MOV、AVI，不胜枚举——这还没有算上数百万种用来存储这些数据的老式磁带格式。不要说100年，就是50年后，这些视频仍能播放的概率又有多少？

在微软最早的Word版本所支持的文档格式中，一部分已经无法再用今天的Word软件打开。你真的指望100年后仍能播放AVCHD格式的视频吗？

至于电子书，就更别指望了。由亚马逊、巴诺、索尼与苹果提供的这些电子书文件互不兼容，专机专用，禁止拷贝，而且都是新生事物。你真的觉得这些防拷贝系统，甚至发明它们的公司，再过150年也照样存在？

不，在你给自己的Kindle、Nook或iPad购买禁止拷贝的电子书时，你应该设想自己买的仅仅是临时阅读权，而不是这本书本身。你很难把你的“藏书”像传统书籍那样留传给你的子孙。

每次我一提到格式失效和数据丢失，总会有几家公司不失时机地放话：“我们开了一个新网站，叫做‘永存网’，能永远保存你的数字化文件！”这话听着不错，但我们知道，互联网自己都只有20多岁而已。更没有哪家在线存储公司成立 10 年以上，而且有几家已经退出市场，其中不乏大名鼎鼎的美国在线（AOL）推出的 Xdrive 服务。如果你真的相信当今这些所谓的“永存网”能帮你永久保存文件，还不如去相信大街上投资信托公司发的传单呢。

换句话说，在这股恨不能数字化一切的热潮中，对于如何保留这些格式，我们似乎没有给予同等关注。

不过，也不是一点希望都没有，只是有大量的工作需要我们去做。100 年前的老照片能传到我们的手里，很大程度上纯属意外，比如说，我们可能无意间发现了一摞旧照片。但换作数字文件，就不可能有这样的意外了。不会有人在 2061 年偶然发现你存在硬盘里的照片，我敢肯定。（你有哪块硬盘用上 10 年的？）

如果我们确实有意将数字文件传至下个世纪，就得精心照看它们。普通磁带超过 15 年就会变质，因此，若想把老唱片、录像带都转换成数字格式，就要赶快了。现在大容量硬盘的价格很便宜，你也能在 Google 上找到大量教程，教你如何抢救这些内容。

接下来，你要保证每隔 10 年就重新查看一下这些存档。若要把这些数字文件传到你的曾孙手里，就得有人，甚至是几代人，把它们从旧硬盘拷入新硬盘，再从新硬盘拷入固态硬盘，接着是纳米管，再来是大脑植入物，或者是将来出现的任何新型存储媒介。当然，会更新换代的不光是存储媒介，文件格式也得进行相应转换。到 2021 年，AVCHD 可能已经不再是视频录制中会使用的格式，不过肯定会有某种软件能将它转换成其他的可用格式。

如此一来，我们的图片、视频和文档多少总会有一些能保存到 2161 年。或许只是极小一部分，但也足以让你的后人感念你每 10 年为此付出的一次努力了。（翻译　薄锦）

大众点评的威力

群众的智慧可能不乏睿智，但也可能产生误导。

撰文 戴维·波格（David Pogue）

早先，网站由运营者在网页上发布文字与图片。如今，我们称那段原始时期为 Web 1.0 时代。

而在属于 Web 2.0 的现代世界，网站却由用户提供素材。不少大名鼎鼎的网站都可归入此列：Facebook、eBay、Craigslist（洛杉矶的分类广告网站）、YouTube、Flickr 等。这些网站仅为素不相识的用户们提供交流平台，别无他物。

Web 2.0 最吸引人的分支之一，便是大众点评类网站。在各种各样的众评网站上，无数满意或者不满的消费者发挥着集体智慧的力量。你因此再也不会误选度假地、餐馆、电影、汽车、商家、应用程序、图书、医院或者啤酒饮料。

一方面如果你是酒店经营者、餐馆老板或汽车经销商等中的一方，则会发现众评网的兴起可以助人清醒。你不再居高临下，使用营销信息对大众施以狂轰滥炸。突然间，大众内部开始相互交谈。如果你的服务或产品一无是处，他们就会揭发你。另一方面，如果你是用户，众评网就更是天赐宝物。如今这个时代，你若是光临了一家服务奇差的餐馆，只能说是你咎由自取。你完全可以事先参考一下大众的意见，避免这种后果。

这不免教你暗忖，个人评论还能剩下多少价值。我的意思是，如果你看的是报纸刊载的影评，那等于是在冒险。搞不好这位影评人刚跟恋人分手，或者还在读电影学院时就不爽这部电影的导演，又或者恰巧跟你口味不同。而你看的若是这部电影的 11,000 名观众的概括性点评，那就很难会偏颇到哪里去。立场对立且极端的评论会互相抵消，大量立场中立的观点会帮你对这部电影的真正价值作出精准的判断［《歌舞青春 3》在 IMDB（互联网电影数据库）的评分为 3.8（总分 10），共 19,600 人投票。本人觉得这个分数十分公道］。

不过，那些随处可见的假评丑闻又是怎么回事？ Yelp（餐饮类点评网站）、TripAdvisor（旅游类）、亚马逊等网站都曾遭到谴责，说虚假点评正在危害它们的内容质量。这可关系到一大笔钱的得失。怪不得商家有时会用“马甲”发表关于自家产品、公司的正面评价，或是诋毁自己的竞争对手。（这种行为在网络上被称为“草根营销”。知道吗，伪草根们？）

此外，还有一些不为人知的偏差作祟。你可曾留意过：iTunes 商店里有多少款应用程序的评分是以一颗星和五颗星居多？怎么会有如此多的严重两极化评价？

其实它们并非如此——只不过网评员们打起分来随心所欲。你更可能去点评那些让你在某方面恼火的事物，而广大心满意足的群众，通常不会为此费心。

有一阵子，苹果曾发动用户在删除某应用程序的同时为它打分，希望借此解决上述问题。应用开发商为此大为不满。“你让我们获得的评价多为负评，”他们说，“因为你让用户在准备删掉时打分！他们若是喜欢我们的应用程序，他们就不会准备删掉它！”

如何保持网评的威力，同时又将权力滥用降至最低？首先，可以鼓励大家用实名投票，就像亚马逊所做的那样。Yelp 和 TripAdvisor 也称自己拥有专门清理假评的员工和软件。没错，这是一场“军备竞赛”，不过那些众评网很清楚，它们的可信度直接关系到网站的存亡。

你还可以提高自己识别欺诈信息的技巧。当你发现某篇评论过于煽情，就可以有所评判。更多时候，你可以点击评论者的名字，看看他还写过些什么，如果除此评论再无其他，就要警惕了。

最后，评论数量也很重要。如果仅有两三条格外正面或负面的评论，那你对这些意见的可信度就得打一个问号。另外，如果评论多达数十乃至数百条，那些目的不可示人的发言的影响自然就会降低。

听好：传统的专业评论体系也并非完全可靠。你根本不知道其中有哪方面的利益冲突作祟。最起码，在 Web 2.0 的世界里，大众的声音往往会盖过那些不可靠的个人评论。留给你的，会是诸多包含真相多于谬误的意见。（翻译 薄锦）

络安全的噩梦

如果我们不能找到恶意软件，那么我们就无法阻止它进入电脑。

撰文 斯科特·博格（Scott Borg）

网络安全世界正开始像一部悬疑惊悚片那样，展开惊心动魄的故事情节。身在暗处、不怀好意的人将恶意软件植入我们的电脑。他们将这种软件悄悄塞入电子邮件；他们通过互联网将它传送出去；他们通过不安全的网站感染我们的电脑；他们将它植入其他程序；他们将它设计为能在笔记本电脑、闪存、智能电话、服务器、影印机、音乐播放器、游戏机等设备之间转移，直到它进入我们电脑的核心系统。因为即使是与外界隔离得最好的电脑系统，也需要定期输入新指令、新数据或某种维护工作，所以任何系统都可能被感染。

这种影响可能是灾难性的。在潜伏数月或数年之后，不用接收任何指令，恶意软件就会启动。它可以禁止紧急措施启用，使工厂生产出不合格产品，使炼油厂和输油管道发生爆炸，使饮用水受到污染，制造医疗事故使患者死亡，让发电机发生故障停止运转，抹黑银行系统使之信誉扫地，让飞机停飞，使火车相撞，以及使我们的军事装备调转方向对我们自己发起攻击。

许多政府官员现在都意识到，必须采取行动解决这个问题。他们把对隐私和公民自由的担忧放到一边，提出了庞大的政府方案，来搜索我们的计算机核心系统，并对所有进入这些系统的信息数据进行扫描。

但在这一步时，事情变得复杂起来了。实际上，我们并不知道如何扫描恶意软件。我们不能阻止恶意软件，因为我们找不到它，即使看到了，我们也未必能认出它来。

就像惊悚片中的角色不知道该相信谁一样，网络安全专家开始筛选这些方案。我们能够通过识别其特征来辨认出恶意软件吗？不能，因为每一款恶意软件都可能是不同的，并且能够不断改变外观。我们可以通过传播恶意软件所需的工具来识别它吗？不能，因为恶意软件也许是通过别的人或工具插入的一个有效载荷。

我们能否在恶意软件的一些可能藏身之处找到它？不能，因为它可以藏在我们不知道的地方，比如我们无法看到的内存中的某个区域，或者我们从来也不知道的存储器的某个组件。甚至在我们寻找它时，它还可以四处躲藏。恶意软件可以自我复制到我们刚刚查看过的地方，并在我们将要查看的地方将自己擦掉。

我们能否通过逐步查看每个程序的每一行代码以确保其无害，从而来创造一个安全区？问题是，我们可以直接查看恶意软件的每一行代码，但却辨认不出恶意软件。有时，某一行代码的一个微小改变也可能会导致糟糕的后果。有问题的代码并不需要在单独的行里。恶意软件的恶意内容可能是操作顺序，它导致一个正常的指令恰好在错误的时间被执行。

如果所有其他方法都失败了，那么我们可以通过恶意软件的行为来识别它吗？这个方法也没用。恶意软件可以控制所有显示内容、消息框、图形或文档。它能确保你只能看到它想让你看到的东西。如果你设法在它正在干坏事时抓住它，那可能为时已晚。在某个恶意程序第一次启动，将导弹调转方向射向你自己，让发电机烧毁或使你的炼油厂爆炸时，通过其行为倒是将它识别出来了，但是却无济于事了。

我们真的不能相信任何东西。我们正在用来搜索恶意软件的电脑，可能是正在传送它的传输工具；我们的认证系统可能正在验证被恶意软件感染的程序；我们的加密系统可能正在给恶意软件加密。即使我们设法建立起了一种有效的隔离手段，我们还是不知道恶意软件有没有被隔离在外。

这正是许多网络安全专业人士目前所在的世界。我们正在阻止大多数恶意软件，一直如此。但是，我们却没有一个可靠的解决方案，而拥有这样的方案却可能是最重要的。美国及其盟国一直擅长于在紧急关头及时拿出解决方案，而我们现在就需要一个解决方案。（翻译 詹浩）

取缔验证码正当时

互联网的僵尸程序防御机制日渐有负于人类的重托。

撰文 戴维·波格（David Pogue）

在现代社会，但凡出点什么问题，都是靠设置屏障的手段解决。音乐盗版？防拷贝保护。网站被黑？更复杂的密码。不幸的是，这些屏障往往是给守规矩的好公民添麻烦，对坏家伙的拦截倒没啥用。真正的音乐盗版者、网络黑客，照样有办法绕开这些屏障。

或许这些屏障足以防范最一般的非法操作。有种名为“验证码”（验证码一词的英文叫做 Captcha，即 Completely Automated Public Turing Test to Tell Computers and Humans Apart 的首字母缩写，意思是“全自动区分计算机和人类的图灵测试”）的网络路障，其内部逻辑似乎便是如此。这东西你肯定见到过，就是一串常在你网上注册时出现的歪七扭八的字符——既有确实存在的英语单词，也有无实义的字母组合。你需要用键盘把你看到的字符录入到一个文本框里。

验证码出自美国卡内基梅隆大学研发人员的设计，用来防范那些可能对在线服务造成威胁的僵尸程序（一种自动执行的黑客程序）。例如，有的僵尸程序会注册大量的 Hotmail 或雅虎邮箱账号，以便散播垃圾邮件。有的会发布一些虚假评论，企图以此提升网站在搜索结果中的排名。

理论上，只有真人才能识别出验证码图片中的字符。扭曲的字母同驳杂的背景，用人眼足以看清，计算机则不行。放行好人，拦截坏人——看起来这是一道完美的屏障。

实际上，验证码不过是以暴制暴。首先，验证码的图片常常扭曲得连人眼都认不出来。这在那些无实义的字词中体现得格外明显，就像“rl10Ozirl”。里面用的到底是小写的字母“l”还是数字“1”？是数字“0”还是字母“O”？再者，这项设计的前提是视觉能力。对失明人士而言，就无法玩儿图片验证码的游戏。

最好的验证码方案提供了变通的余地。例如，添加一个按钮，能够让你在看不清当前图片时另换一张，还有为失明人士设计的语音验证码。不过最重要的是，越来越多的证据表明，在这场技术大战中，验证码败象渐露。无论是研究人员，还是垃圾信息散播者，都有办法绕开这道障碍。

也有网站开始尝试弃用图片验证码，改为用户体验感觉不那么糟糕的题目。做道简单的数学题，回答一个简单的问题，辨认一张照片，听段经过混音处理的音频，尽管所有这些方案还是免不了会将某个群体区隔在外——比如非英语人群或是失聪人士。

据卡内基梅隆大学的研发小组估算，全球人口每天在这些烦人的屏障入口处所耗费的时间，累计可达150,000小时。有种新型的验证码——“多重验证码”（reCaptcha），至少是把这些时间用在了公共价值的创造上。你看到的图片是一个从扫描不良的谷歌图书中截取出来的模糊单词；而你输入该词拼写的过程，其实就是在协助谷歌处理、识别一段有效文本。即便如此，我们这些守规矩的用户，每天还是会浪费掉17年的时间。这简直是对生命的可耻浪费。一定还有其他更好的解决方案值得我们探究。

也许应该设计一款自愿出示的互联网身份证，这样一来，不管我们要注册什么，身份都是已知的。也许网站应该对每个“人”的新账号或新发表的言论施以一段时间的限制。或是监测用户的键盘输入速度或不规则程度，以此判别他们是不是人类。

或者用指纹，用视网膜扫描。诸如此类。

散播垃圾内容的僵尸程序很讨厌，这没错。可验证码同样讨厌。它极其烦人，它并非万无一失，它对所有用户搞有罪推定。Captcha的真正含义，换个说法来说就是Computers Annoying People with Time-wasting Challenges that Howl for Alternatives——计算机那些浪费人们时间的防御机制，是时候做出改变了。（翻译 薄锦）

Wi-Fi 惹烦忧

无法连接，信号衰减，网络时有时无——无线网络为何仿佛仍然停留于石器时代。

撰文 戴维 · 波格（David Pogue）

在大多数人看来，Wi-Fi 无异于一个奇迹。在隐蔽的基站周围方圆 150 英尺（约 46 米）的地区内，你的笔记本电脑、平板电脑还有手机均可通过无线接入网络，速率达到有线网络的水平。不过 Wi-Fi 也是个谜。有许多读者向我询问 Wi-Fi 的问题，我已经设法从数位专家那里得到了最最权威的答案。

我的笔记本电脑经常检测到四格信号的Wi-Fi热点，却上不了网。原因何在？

20世纪90年代中期，亚历克斯·希尔斯（Alex Hills）在卡内基梅隆大学搭建了一个庞大的无线网络，这成为现代Wi-Fi网络的原型，而他在《Wi-Fi和一群搞无线电的浑小子》（*Wi-Fi and the Bad Boys of Radio*）中提到了这段往事。我认为他是回答该题的最佳人选。他的解释是："这可能由两种原因造成。首先是无线信号传输问题。信号格只是显示Wi-Fi信号的强度，而不会给出有关信号干扰或其他导致信号强度衰减的无线电传输问题的任何信息。""其次，大部分Wi-Fi系统，都是通过自身接入有线网络，将用户接入互联网的。而这些有线网络可能会在某个环节出现问题：连接速度、交换机、路由器、服务器……只有接通网络所涉及的一系列设备全部运转正常，用户才能畅通无阻地接入互联网。"

为何在高档酒店使用Wi-Fi要收费，平价酒店却不用？

多恩·米尔曼（Don Millman）设立的入网点技术公司（Point of Presence Technologies），为150家酒店提供Wi-Fi网络服务。他的回答是：报销单。高级酒店要吸引的顾客，是那些可以报销住宿费用的商旅人士，有无Wi-Fi费用，在他们眼中无关紧要。

经常有人警告说，使用咖啡店里那种免费开放的Wi-Fi热点是有风险的。究竟有哪些风险？

葛伦·弗莱什曼（Glenn Fleischman）从事网络领域相关的报道工作长达10年以上（目前在为《经济学人》博客的"巴贝奇"专栏供稿）："在房间另一角落的某不法分子，可能正在运行某款软件，监控无线网络中传输的每一比特信息，从中窃取用户密码、信用卡卡号……"

“不用担心网银以及电商网站，它们都有安全的、加密的网络连接。”“不过，电子邮件以及日常的网络会话，在没有经过加密的情况下，就很难说隔墙是否有‘耳’在攫取你的数据、妄图盗用你的身份或是榨干你的银行资产。个人建议：接入网络时一定要使用虚拟专用网络（VPN）连接，这样别人除了得到数据乱码外，无从窥探你的任何信息。”

在酒店、机场，甚至飞机上不时会出现名为“免费公开 Wi-Fi”（Free Public Wi—Fi）的热点，但又极少能真正接入，这是怎么回事？

我来搞定这个问题：试图连上名为“Free Public Wi-Fi”（或是“hpsetup”、“Linksys”）这类热点的事，还是别干了。这并不是真正的 Wi-Fi 热点。它其实是 Windows XP 胡搞出来的一种病毒式“功能”。Windows XP 准备接入 Wi-Fi 时，会同时将该热点的 SSID 广播给其他电脑，形成一种“对等”（ad hoc，PC 对 PC）网络，以供其他电脑共享该连接。只要有人在某处，可能出于好玩，设立了一个名为“Free Public Wi-Fi”的真实热点，其后这个网络名称便会被使用 Windows 系统的电脑无线广播给另一台。（使用 Mac 系统的电脑也能检测到这种伪热点，但它们不会进行广播。）

在公共场所中，有人试图接入该热点，并且接入失败；可是他们的电脑却开始把这个对等网络的名称再广播出去，如此一台传一台。上策就是：别去管它。（翻译 薄锦）

互联网是块单面镜

我们中百分之九十九的人都生活在互联网的负面阴影之中。

撰文 迈克尔·费尔蒂克（Michael Fertik）

想象一个由看不见的手掌控着你全部体验的互联网吧。那里有第三者预先定制出一些你所看见的新闻、产品和价格，甚至于你所遇见的人。你认为你正在一个世界范围里作出选择，而实际上你的选择范围已被缩小和精细化，最终留给你的仅仅是该局面尚在你控制之下的幻觉而已。

这一切正在发生。随着科学技术的发展，谷歌、Facebook和其他网站将有关我们的信息收集起来，并以此定制网站，让我们有匹配自己

爱好、习惯和收入的用户体验。对于富人和穷人来说，互联网的世界是不同的。我们大多数人都在不知情的情况下成为了“双网记”（the tale of two Internets）这部逐渐展开的电影里的演员。你和我，他们和我们处于不同的世界。

下面简单谈谈互联网是如何工作的。互联网产业的收入绝大多数来自广告公司。美国硅谷在为一些公司的创建和融资方面立下了丰功伟绩，而这些公司为我们免费提供应用程序，然后当我们使用这些程序时，它们便收集我们的数据并将这些数据出售。对于互联网短暂发展历史中的大部分时间而言，这些数据收集的主要目的集中于经典产品营销：例如一些广告商可能想要向我展示耐克运动鞋，并向我的妻子推介马诺洛（Manolo Blahnik）的高跟鞋。然而越来越多的数据收集正远远地超越广告推介的界限，使保险、医药和其他一些公司在你毫不知情的情况下，通过分析你个人的高度翔实的“大数据”（Big Data）记录而从中获益。根据这些分析，然后这些公司作出关于你的决策，包括是否仍值得将你看作营销对象。

这样一来所造成的结果是：我们中 99% 的人都生活在单面镜看不到对面的那一边，而另外 1% 的人却掌控着我们的用户体验。有人将这一发展趋势赞美为“个性化”——这听起来无伤大雅且颇具乐趣，但却引出这样一个概念，即每个人看到的广告都可能会是他自己喜欢的色彩图案。然而，我们下面谈论的内容将会更加深入且明显更为重要。

例如，美国联邦法规规定，根据某些个人属性而在此人申请信贷时对其区别对待，这种行为是非法的。然而正如娜塔莎 · 辛格（Natasha Singer）最近在《纽约时报》所报道的那样，在线和离线数据采集方面的技术进步，使这种做法有可能避开该法律规定：一些公司能够直接忽略缺乏信用吸引力的人群。如果你生活在这种数字世界的阴影之中，那么你甚至看不见来自任何一流信贷机构的报价，并且你也不会了解到，在考虑自身的个人或专业前途时，贷款可以带来很多帮助。

在过去十年间，电子商务网站已经根据你的上网习惯和个人特性改变了定价策略。你所处的地理环境和你过去的购买历史如何？你是怎么知道该电子商务网站的？你每天哪个时候登录访问网站？一份关于定价优化的完整文献已经出来了，它包括了道德、法律和经济的层面。而这一领域正在迅速推进：2012 年 9 月，谷歌获得了一项技术专利，该技术能让公司为电子商务目录进行动态定价。例如，如果确定你比一位普通用户更有可能购买某本电子书，那么该项技术就会提高该电子书的价格；反之，如果断定你不太可能购买，那么它就会降低价格以鼓励你购买。而你甚至不会知道，你在购买完全相同的商品上所支付的费用远远高于其他人。

这些看不见的墙还存在于我们的数字政治生活中。正如《搜索引擎没告诉你的事》（*The Filter Bubble: What the Internet Is Hiding From You*）的作者伊莱 · 帕理泽（Eli Pariser）所说的那样，互联网根据我们每天在线互动的情况，生成隐藏的配置文件，然后通过提供与这些文件相匹配的服务内容，为我们展示出“它认为我们想要看到的”东西。这种幕后行为通过在线“回音室”（echo chambers）使我们的政治观点得以进一步强化，这种在线回音室会对我们已经认为是真实的东西进行进一步确认，而非提出异议。正如哈佛大学学者卡斯 · 森斯坦（Cass Sunstein）所写的那样，那些仅与持相同政治观点的人公开讨论问题的自由派和保守派人士，会对自己的观点变得更加自信，而其态度会变得更为极端。

隔离与分离手段在网上正愈演愈烈。个性化的乐趣亦有其阴暗的一面。（翻译 詹浩）

看不懂的用户条款

网上的隐私协议与服务协议，措辞应当直截了当。

撰文 戴维 · 波格（David Pogue）

Instagram 是一款可以让用户拍摄照片、添加图片特效然后分享的手机应用软件，其发展空间巨大，大到Facebook肯花10亿美元买下来。

然而2012年下半年时，Instagram干了一件蠢到家的事——它更改了自己的使用条款，也就是用户使用其服务需要遵守的规则。新条款中有这么一条：“您同意企业或其他第三方团体向我们支付费用，以展示您的用户名、头像、照片……且无须向您支付任何报酬。”

用户的反弹来得迅速而猛烈。博客写手纷纷发文抨击。用户成批退出Instagram。律师着手提起集体诉讼。

Instagram 公司的 CEO 出面道歉，恢复了原有的协议内容，并解释道：“Instagram 无意出售您的照片，也从未这么做过。”他还表示，“法律文书很容易被错误地解读”。

嗯，似乎是这样没错。Instagram 恐怕也不是第一家发布不知分寸、自说自话的服务条款，引发公众反感，继而撤回前言、出面道歉的互联网公司。

早在 2009 年，Facebook 新出台的用户协议中就曾列出：用户将为该企业提供“使用、复制、发表……修改、编辑、包装、翻译、引用、改编、演绎并传播……您所发布的任何内容”的永久授权。

遭到公众的激烈反对后，Facebook 改回了原有条款（不过他们现在又出台了一系列新条款）。一名发言人表示，“我们从来无意混淆大家的认知，Facebook 并不会争夺也从未争夺过大家的内容所有权”。等等，这叫什么话？

谷歌（Google）也趟过这样的浑水。那是该公司刚推出在线存储服务谷歌云端硬盘（Google Drive）的时候，其使用条款中曾提到（而且谷歌现在的通用政策仍然如此）：如果你将文件存储在谷歌云端硬盘中，则视同你授予谷歌“在全球范围内使用、掌管、存储、复制、修改……并传播这些内容的权限”。

被用户猛烈攻击之后，谷歌便列举出服务条款中的其他语句来辩护，其大意是，“您的资料还是您的”。

这是怎么回事？你的资料到底归谁所有？

“这类措辞在任何涉及用户创造内容（user-generated content）的网站上都很常见，”美国洛杉矶的一位知识产权律师阿兰·弗瑞尔（Alan Friel）说，他整天都在写这类协议条款。这种涉及“使用、修改、传播许可”的表述，称作“便利处置权利”（facilitative rights）。这意味着你将授权企业在其网站上处理并展示你所拥有的内容。“修改”的意思类似于“基于 Facebook

的模板进行调整”；“演出”的意思是“允许播放你所发布的音乐或视频”；“传播”则意味着将会“复制到 Facebook 的许多服务器中”，依此类推。

所谓的“衍生作品”又是什么意思呢？这是为了免除媒体公司的法律责任。弗瑞尔说，“这些公司担心，如果一开始让用户上传内容、提供创意，万一公司创作了一部内容相仿的电视剧，就可能遭到用户起诉”。

在每一出围绕服务条款上演的戏码中，公众似乎都认为互联网公司是在和用户争夺内容的所有权。而事实上，这些协议条款只是让企业拥有用户原创内容的非独家使用授权，通常是以一种无伤大雅或者至少可以理解的方式使用，比如在广告里展示。不过单就字面意思而言，企业可以享有这些权利吗？他们可以把你发布的内容“修改”得面目全非吗？他们可以授权美国步枪协会（NRA）或其他内容的广告使用你发在 Instagram 上的照片吗？

严格来说，他们是可以的。但是不太可能真的这么做。否则，消费者一定会反弹，然后成批地退出这些企业的网站。而像 Facebook、Instagram 这样的企业，用户发布的内容本身就是受版权保护的，那么向第三方传播这些内容，便会让企业失去法律的庇护。

另外，企业完全可以写出一份不会激怒用户的协议。相较于谷歌的表述，不如来看看同样提供云存储服务 SkyDrive 的微软怎么说：“您的内容仍是您的内容，您自行对其负责。此外，我方也不会控制、验证、担保您及他人在服务上提供的内容，或者为这些内容支付费用或对其承担任何责任。”搞定！

这些企业肯定明白普通民众并不是律师。那他们为何不把话说得明白点呢？还是那句话，我们要对自己的愿望持谨慎态度。如果真的让这些企业说出他们的意图，他们会说：“我们的存在就是为了剥削您的创造力。对此不喜者，走好不送。”（翻译 薄锦）

利益左右科学

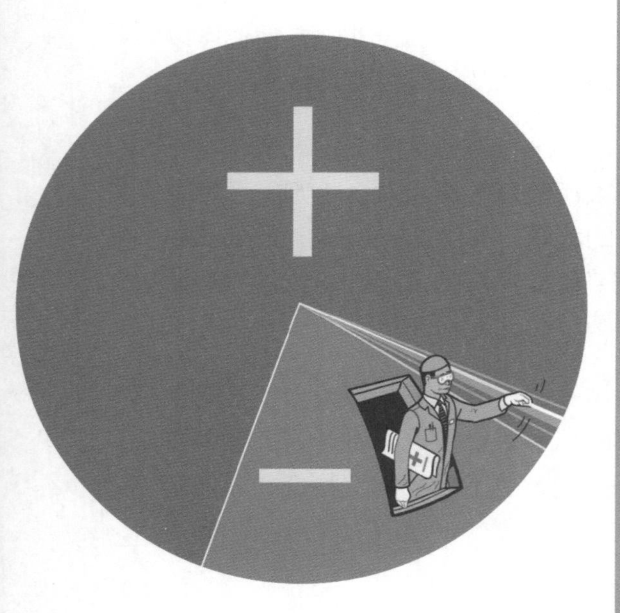

◎ 利益的竞争和冲突导致许多医学发现被扭曲了。

撰文 约翰·约安尼季斯
(John P. A. Loannidis)

近些年在同行评估的科研领域，虚报和夸大结果已经形成风气。这个问题在经济学、社会学，甚至自然科学领域都很严重，在生物医药领域尤为过分。许多宣称有用的药物或治疗方法后来被证明并不是那么回事。我们只要看看关于 β－胡萝卜素、维生素 E、激素治疗、万络（Vioxx，一种抗关节炎药）

以及文迪雅（Avandia，一种治疗糖尿病的药）相互矛盾的发现就可以明白了。即使真有效用，其治疗效果也比宣传的要小。

这个问题开始于公众对科学的期望值不断增加。科学家也是人，他们也倾向于展示自己的博学多识，哪怕超出了他们的能力。在许多领域，审查者的数量在呈指数级增长，他们所做的实验、观察和分析的数量也在增加，但是却缺乏防止偏见的有效措施。研究是分开进行的，竞争很激烈，而且结论往往只考虑到某一项研究而不是宏观背景。

许多研究是为了完成既定的课题而做，并非为追求真理。无所不在的利益冲突同时也会影响到研究结论。在卫生保健领域，一项研究往往在公司的授意下完成，而研究的结果与公司的利益息息相关。甚至学术型的研究，也往往是以能否发表正面的结果来衡量成功与否。一些影响力高的期刊的垄断也会对经费拨给、学术生涯以及市场分配产生扭曲效应。科研是按照产业需要来进行安排的，产业也会对学术地位、期刊收入甚至公共投入产生影响。

这些危机不应该动摇人们对科学方法的信心，能够证伪始终是科学的标志，但科学家仍须改进他们做研究和传播论据的方式。

首先，对于任何宣称有新发现的论文，我们必须要求有严格和广泛的外部验证——这些验证以额外的研究形式进行。许多领域忽略了重复验证的必要性，或者做得很马虎。其次，科研论文应该把那些已经进行的、容易导致研究者低估假阳性的分析数量考虑进去。当然，那也意味着一些可靠的结论可能会被忽略。这时大规模的国际合作也许是必不可少的。人类基因组流行病学领域就是一个很好的范例，因为大规模的合作严格地排除了一些遗传的风险因素。

判断结果可靠性的最佳方法，是在科学家开始实验之前就详细记录他们的实验方法和步骤，并在实验完成之后披露完整的结果和数据。目前，公布的实验结果常常是经过选择的，强调的是其中最令人兴奋的结果，而局外人往往不具备重复这些课题的条件。对每一篇发表的论文，杂志社和提供经费的机构都应该鼓励作者让公众获得所有的数据和分析方法。如果科学家能提前声明他们的数据有局限性，或他们的研究里有某些固有缺陷，那也很好。同样地，科学家和研究经费的提供者应该完全披露所有潜在的利益冲突。

一些研究领域已经采用了上述机制中的一种或几种。大规模的国际合作在流行病领域很常见；《内科医学年鉴》和《美国医学协会杂志》等期刊要求作者列出研究的局限性；许多杂志会问作者有关利益冲突的问题。然而，这些措施要得到广泛应用并不容易。

许多跟课题有较大利益关系的科学家会拒绝进行完全披露。更重要的是，许多基础研究已经被制药厂和生物医药设备制造商抛弃，厂商们有时按照对自己产品最有利的方式来设计和发表研究成果，这很可耻。如果实证临床医学和人口研究领域的投入在不断增加，那么这些研究的设计不应该由厂商来完成，而应该由没有利害关系的科学家来完成。

最后，对于那些将影响治疗和政策决定的发现，研究人员应该公开其所有不确定性。对于患者和医生来说，一种治疗方法哪怕只有 1% 的成功机会他们就愿意去尝试。但是，我们必须对这种成功的概率有清楚的认识。（翻译 阮南捷）

高风险下的新药开发

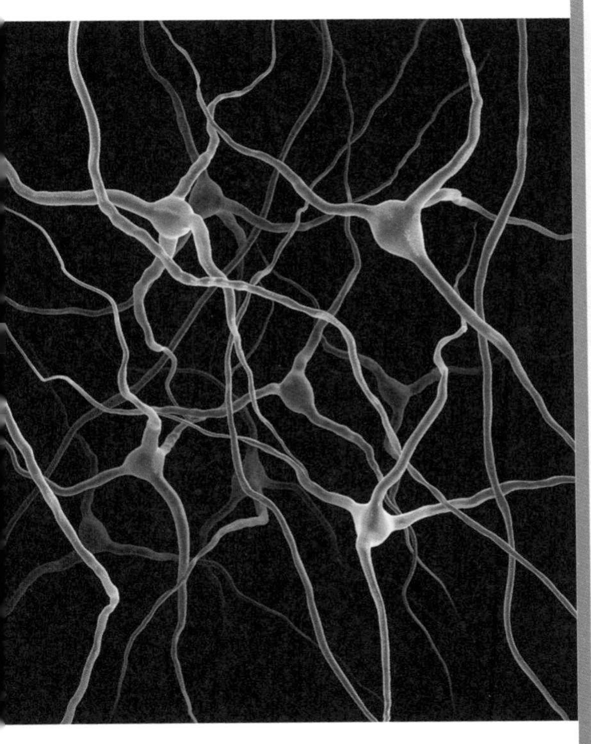

对制药巨头而言，研发神经精神疾病药物的风险着实巨大。

撰文 肯尼斯 · 凯丁（Kenneth I. Kaitin）
克里斯托弗 · 米尔恩
（Christopher P. Milne）

精神分裂症、抑郁症、成瘾等神经精神类疾病不仅带来病痛，而且每年还会造成数十亿美元的损失。据世界卫生组织统计，如果按引起过早死的病例数，以及对人类寿命的影响来计算，神经和精神类疾病占全世界疾病负担的13%。

尽管急需更好的新型药物来治疗阿尔茨海默病、帕金森病之类的精神类和神经退行性疾病，但对大型制药公司来说，研发相关药物却过于复杂和昂贵。花费数百万美元研发的新药随时可能失败，投资风险巨大。因此，大型制药公司纷纷终止神经精神类和其他中枢神经系统（CNS）药物的研发。

我们在塔夫斯药物研发中心的团队调查了制药和生物技术公司的药物开发流程后，得出了以上结论。根据调查，我们大致能估计出新药研发所需的时间、成本和所要承担的风险。我们的分析显示，研发中枢神经系统药物的困难程度，远超大多数药物。

问题之一在于：神经精神类药物的研发周期过长。我们发现，一种 CNS 药物需要花费 8.1 年进行人体测试，比药物平均测试周期长两年以上。获取监管部门审批的时间也更长——1.9 年，而所有药物平均只需 1.2 年。再加上临床研究和实验通常所需的 6~10 年，CNS 药物从实验室到病人手中共需约 18 年。

只有少数候选药物能挨过这些严酷的考验。在进行人体实验的 CNS 候选药物中，只有 8.2% 最终能上市，而对所有药物来说，这个比例是 15%。失败有可能发生在后期的临床实验中，而此时，实验消耗的资源和经费已经非常多了。只有 46% 的 CNS 候选药物在后期实验中获得成功——相比之下，所有药物的平均过关率为 66%。这些因素都导致研发 CNS 药物的成本在所有医疗领域处于最高水平。

研发这些药物的风险为何如此巨大？评判一种抗生素候选药物是否有效要相对直接一些——要么能杀死细菌，要么不能，而且一个疗程通常只持续数天，这就避免了长时间的安全性和有效性测试。但对于 CNS 药物，这却是问题。对于精神分裂症发作期的缩短，或者阿尔茨海默病患者认知能力的提高，你很难判断是药物的作用结果，还是病人情况的随机起伏。治疗过程还可能持续病人的一生。这就难怪 CNS 药物研发的成功率如此之低。

在美国，一些针对 CNS 药物研发的援助措施将逐步出台。由政府机构、制药公司、病人权益倡导组织组成的抗重大疾病联盟（Coalition Against Major Diseases）开发了一个标准化的临床实验数据库，以便让研究者设计出更有效的研发方案。这个项目最初针对的是阿尔茨海默病和帕金森病。奥巴马总统的医疗改革法案中也有一些条款：为医药领域的创新成果提供奖励。其中一项是医疗加速网络（Cures Acceleration network），让美国国立卫生研究院（National Institutes of Health）帮助科学家筛选有希望的药物。最终，新型 CNS 药物的开发可能得依靠网络化的创新手段——多家组织共担风险，同享成果。显然，一家公司、研究所或者组织，无力独自面对开发新型神经精神类药物所面临的挑战。（翻译 王超）

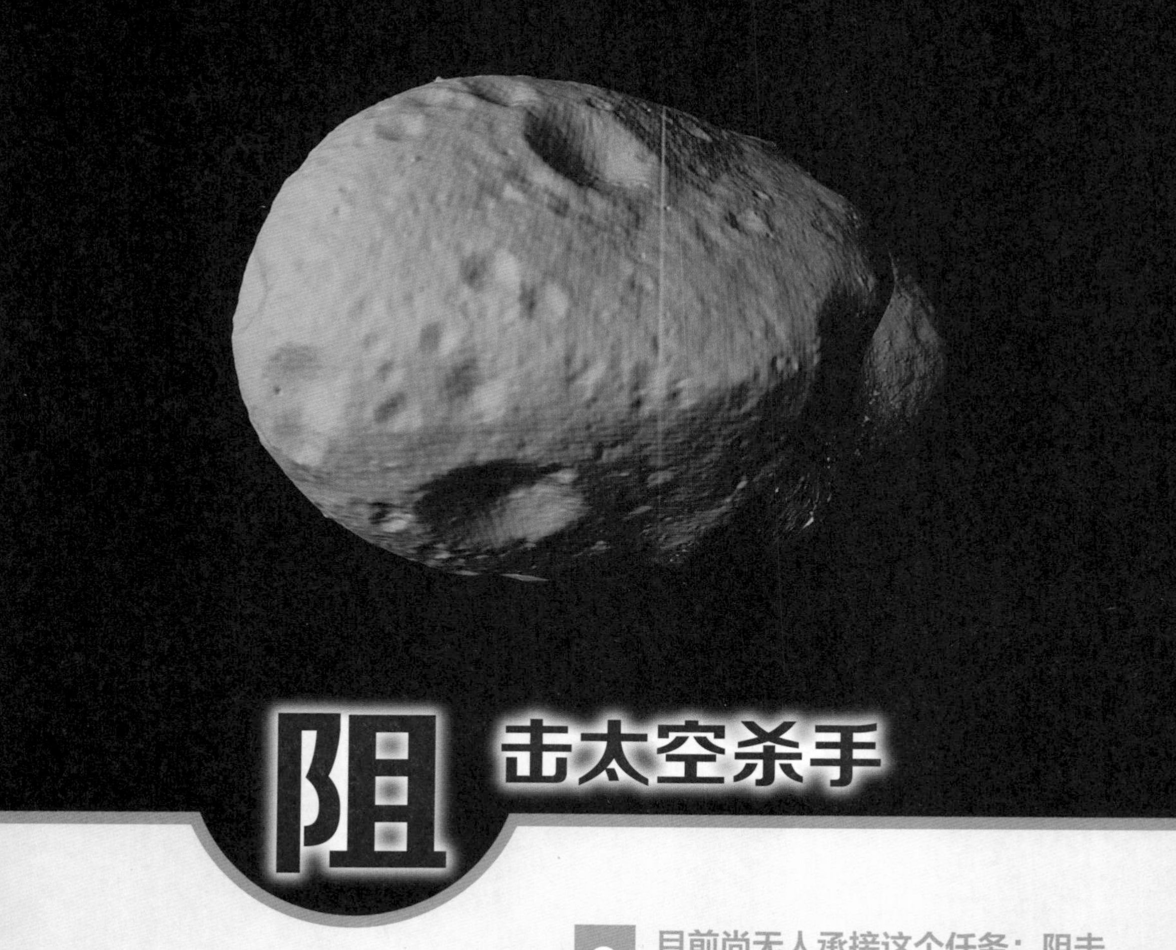

阻击太空杀手

目前尚无人承接这个任务：阻击某些小行星，以免它们撞上地球，从而让人类文明免于毁灭。

撰文 爱德华·卢（Edward T. Lu）

过去一段时间里，美国的航天计划经历了一次大清盘，使其航天目标让人摸不着头脑。为此，我有一个建议：美国航空航天局（NASA）应与其他国家的空间机构和私营机构合作，共同承担起一项重任，即严密监视小行星运行轨道，决不让具有破坏性的小行星撞上地球。从长期

来看，没有什么项目比保护人类免于毁灭更有价值，或者就短期而言，也没有什么项目比这更令人肃然起敬。

乍一看，小行星似乎是一种遥远的威胁。但其危险是有据可寻的，而且后果可能相当严重。小行星撞击曾在地球生命的演化过程中发挥过巨大作用。有人估计，有100万颗直径超过40米的小行星围绕太阳运行的轨道就在地球附近。1908年，就是一颗这么大的小行星撞在了西伯利亚的土地上，留下一片不毛之地，其面积比广岛原子弹所造成的损毁面积大150倍。这一事件在本世纪重演的可能性大约为50%。就更极端的情况而言，直径超过1,000米的小行星便会带来一些全球性影响，甚至危及人类文明。

防止小行星撞击地球的第一步是预测。我们必须找到、跟踪并预测那100万颗近地天体的运行轨迹。天文学家已经将大多数直径为1,000米左右的近地天体的运行轨道纳入监测范围，而监测发现这些小行星在今后100年内都不会撞击地球。但科学家目前尚未对直径较小的小行星运行轨道进行监测，它们数量更多，而这些小行星足以毁灭一个国家或引发一场海啸，并摧毁一些沿海城市。下一步我们就应该着手进行这项工作了。

小行星的温度比天空的背景温度高，因此在红外观测中很容易被观测到。然而，红外望远镜也有盲点：它们不能直接对着太阳的方向观测，这限制了安置在地球上或近地望远镜的观测效果。2009年，美国国家科学研究委员会向美国航空航天局建议，将一艘红外探测飞船定位在一个围绕太阳旋转的轨道上，轨道位置接近金星。当飞船朝远离太阳的方向观测时，其天文望远镜会发现在地球上无法观测到的那些小行星。该探测一旦成功实施，其有效性将持续大约100年。100年后，被监测的小行星的运行轨道会因引力相互作用而发生改变，因此我们将不得不再进行一次这样的探测。这样一项任务将花费数亿美元，这肯定十分昂贵，但是与美国航空航天局现行的预算比起来，又算是相当便宜了，更不用说与小行星撞击地球所造成的损失相比了。

如果天文学家发现某颗小行星运行在一条会与地球相撞的轨道上，那么我们的任务将是着手改变它的运行轨道，以防止它撞击地球。如果我们发现这颗小行星的时间足够早（比它与地球相撞的预计时间早几十年），那么有多项现有技术能达成这一目标：拖走它，砸烂它，用核武器摧毁它，或者数技兼施，使之不会与地球相撞。（我和同事曾建议用火箭推开这种小行星，但是根据对小行星的特性和运行轨道的最新研究，我们已经开始重新考虑这个建议了。）

然而，没有任何人能确保这些方法真的能阻击小行星。当然，在真的需要使用这些方法之前肯定要有时间对它们进行鉴定。美国航空航天局和其他组织应当以一种可控的方式转移一颗没有撞击威胁的小行星，以此开发和实验一种方法。鉴于对小行星的运行轨道做一次全面探测的任务甚至还没有开始，如果在我们有时间进行一次演练之前就发现有一颗小行星正在向地球撞来，就真正危险了。因此，我们必须现在就着手这项工作，这项工作并不会大幅度增加美国航空航天局的预算。

存在于行星系统的所有文明最终都必须应对小行星带来的威胁，否则他们都将会重蹈恐龙灭绝的覆辙。我们需要预测出小行星撞击地球的时间，如有必要，则需要提前改变有威胁的小行星的运行轨道。实际上，我们必须得改变太阳系的演化进程。（翻译　詹浩）

超级计算机与小制造商

振兴美国制造业的关键在于能让美国的超级计算机为小型制造商服务。

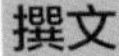

撰文 唐纳德·拉姆（Donald Q. Lamb）

美国向来被认为是制造业强国。在过去近30年里，我们已将这一领导地位拱手让出，这在很大程度上是因为我们自觉地或不自觉地作出了这样一个判断：美国的服务业和金融业足以维持经济的稳定发展，但实际情况并非如此。服务业报酬很少，金融业几乎不产生任何价值，因而它们无法维持，更不用说提高美国的生活水平了。

制造业的命运在某些方面与我们物理科学领域的实力息息相关。20 世纪 60 年代和 70 年代，美国国家实验室研发的高性能计算（HPC）进入了制造业，目前，HPC 为该领域大多数成功的商业公司助了一臂之力，帮助它们进行创新。然而我们现在正在交出物理科学领域的领导权。20 世纪 90 年代，超导超级对撞机项目下马，结束了美国在粒子物理学领域的主导地位。此外，美国航空航天局（NASA）决定推迟广域红外线巡天望远镜项目，并最终可能放弃这个项目，也将会让美国失去在宇宙学领域的领先地位。

幸运的是，美国在高性能计算（HPC）领域仍保持着领先地位。HPC 是物理学家建立黑洞动力学模型，气象学家建立气候模型以及工程师模拟燃烧过程所使用的高级计算技术。我们拯救美国制造业的最大希望也可能就寄托在 HPC 身上。如果我们能够成功地让一些小型制造商的工程技术人员用上 HPC，就会对美国制造商有所帮助，从而让它们能够同海外较低的劳动力成本一较高下。

我们已经知道了 HPC 对于一些大型制造商的帮助有多大。20 世纪 80 年代，波音公司制造 767 客机时曾对 77 个机翼模型进行了风洞试验，而 2005 年制造 787 客机时只试验了 11 个模型机翼。今后波音公司计划将试验的模型机翼数量减至 3 个。该公司使用虚拟风洞来取代物理风洞，在超级计算机上模拟风洞试验，这将节省许多时间和金钱，并加快新产品的研发速度。在更广泛的领域内，HPC 建模和仿真同样已经成为设计装配线和制造工艺的一种强大工具，诸如卡特彼勒公司、通用电气公司、固特异公司和宝洁公司之类的大型制造商现在常常使用这些工具。小型制造商只要有机会用上它们，也一样能从中受益。

2009 年，我作为奥巴马政府过渡班子中的一员首次感受到 HPC 对于小型制造业发展的助推潜力。在美国竞争力委员会（Council on Competitiveness）

的通力合作下，我们发现，缺少软件、门槛费和技能短缺是一些小型制造商使用 HPC 的主要障碍，我们建议在美国政府、制造业界和大学之间建立一种协同机制，以帮助他们克服这些障碍。最终，美国成立了国家数字工程与制造联合会（NDEMC），它是由美国竞争力委员会和联邦政府共同创建的一个试点工程。

目前，NDEMC 已让包括捷虹塑胶制品公司在内的少数公司能利用上 HPC 资源。捷虹塑胶制品公司是美国印第安纳州普兰菲尔德的一家小公司，只有 25 位雇员，其制造用于封装汽车零部件的塑料箱。这种塑料箱成本较低，用于替代钢制箱，因为钢制箱较重且易于生锈。以前捷虹公司开发一种新产品时，需要先由工程技术人员做一个原型产品并在实验室中进行测试，看它在现场可能遇到的应力条件下的承受能力，并重复这一过程，直到达到最佳设计效果为止。然而 2011 年 12 月，在为一家德国汽车公司设计塑料包装箱时，捷虹公司的工程技术人员获得了美国普渡大学的专业帮助，建立这种塑料箱的模型，并在俄亥俄州哥伦布超级计算中心的硬件上测试这些模型。结果，捷虹公司完全避免了以往的那种试错实验工艺过程，仅仅用了几个小时，就在计算机上完成了一项设计。

许多其他小型制造商也一样能受益。NDEMC 的目标在于寻找一些最好的运营模式，让 HPC 为这些小型公司提供服务，并最终向全国推广这些运营模式。现在的小型制造商在某些方面就像 20 世纪初的农场主，当时的大多数农场主都不知道等高耕作（梯田）、轮作和肥料能够提高生产力效率。在美国农业推广服务时，赠地大学（美国联邦政府将拥有的土地赠与各州所兴办、资助的高等教育机构）也参与进来，提供必要的专业知识，结果引发了一场农业生产力革命。如果我们能够让小型制造商的工程技术人员掌握超级计算技术，那么就有可能给小型制造商带来一场类似的革命。（翻译 詹浩）

知识是累赘

◎ 高不可攀的信息大山可能会掩盖更深层次的科学问题。

撰文 斯图亚特·费尔斯坦（Stuart Firestein）

大多数学者都一致认为，牛顿在17世纪正式提出力学与引力定律和发明微积分时，可能通晓那个时代所能知道的所有科学知识。在其后的350年里，自然科学和数学界发表了大约5亿篇科研论文，出版了数不清的科技图书。现在，高中生可能比牛顿拥有更多的科学知识，然而对于许多人来说，科学似乎仍是一座高不可攀的信息大山。

科学家一直在设法攀越这座大山，他们所采取的一种方法是使自己越来越专业化，而这种方法成效有限。作为一名生物学家，我并不指望能读懂哪怕一篇物理学论文中的头两个句子。即使是免疫学或细胞生物学方面的论文，也让我丈二和尚摸不着头脑——而且在我自己的专业领域——神经生物学，一些论文也让我迷惑不解。我的专业似乎每天都在变得越来越狭窄。因而科学家不得不求助于另一种方法来攀越这座信息大山，即基本上无视它的存在。

这种态度不应该让人大惊小怪。当然，作为一名科学家你必须知道许多知识，但是知道许多知识并不能使你成为一名科学家。真正能使你成为一名科学家的东西是无知。看起来这种说法可能有些荒唐，但是对于科学家来说，这恰恰是成长的起跑点。在科学界，每一个新发现都会产生出 10 个新问题，这是爱尔兰剧作家萧伯纳（George Bernard Shaw）在一次晚宴上给爱因斯坦祝酒时说的一句玩笑话。

按照这种算法，无知的增长速度将总是快过知识。科学家和普通大众都会同意，我们还不知道的东西比我们所知道的一切要多得多。更重要的是，每天我们都会知道更多我们“不知道”的东西。科学知识的一个关键成果在于产生出一些更好的新方法，进而使科学家变得无知。这种无知不是那种与缺乏好奇心或教育有关的无知，而是一种受过培养的、高素质的无知。这就触及到科学家科研工作的实质：凸显高素质的无知。科学家可以在申请科研经费时或在科学会议的酒会上进行这一工作。麦克斯韦可能是牛顿和爱因斯坦两个时代之间最伟大的物理学家，正如他所说的那样：“真正意识到无知，是知识每一次真正向前推进的前奏。”

对科学的这种“问题重于答案”的看法，对于人们来说应该是某种程度的压力释放。它使人们对科学减少恐惧感并增加好感，其实这会使科学变得更加有趣。科学变成一系列精彩的谜题和谜中谜，而又有谁会不喜欢有趣的谜题呢？问题比答案更容易理解，并且常常更为有趣。答案往往是科研进程的终点，而问题却是科研进程精彩的高潮。虽然我拥有博士头衔，但是却无法理解免疫学方面的许多知识，而有趣的是大多数免疫学家也无法全都知道——现在没有一个人能面面俱到、无所不知。然而我能够知道那些免疫学发展的核心问题。虽然我并不假装自己了解有关量子物理学的许多知识，但是我却能明白那个领域的问题是如何产生的，以及这些问题为何如此重要。强调无知是一种广义的概念，人们在无限的空间面前不过沧海一粟，显得十分渺小，这让人们感到平等。

科学知识迅速增多，大量信息堆积如山，这座山对于我们来说太高太大了，以至于我们从来也没有打算去征服它。最近，公众对科学的这方面已经不太感兴趣了。但是如果科学家更多地谈论问题，而不是以大量的行话让你对他们望而生厌；如果媒体不仅报道新发现，而且还报道这些新发现所回答的问题和产生的新谜题；如果教育工作者不再向人们灌输在维基百科上就可以获得的信息，那么我们可能会发现：人们将再次参与到过去 450 年来一直进行着的这一大冒险——科研活动中。

因此当我们遇到一位科学家时，不是去问他（她）知道什么，而是问他（她）想要知道什么。这对于双方来说都是一种更好的交谈方式。（翻译 詹浩）

文化差异科学动力

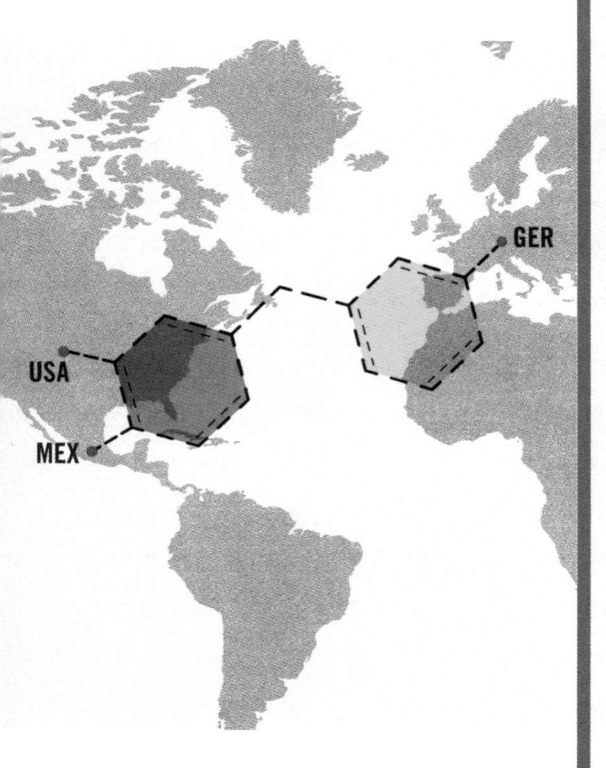

在科研工作中，科研人才多国化与多学科化一样重要。

撰文 艾丽斯·加斯特（Alice P. Gast）

虽然各国在足球比赛和国际关系方面是竞争对手，但是科学却是一股将它们整合到一起的力量。我们取得的许多伟大科技成果就来自于国际科研合作。2003年，来自9个国家11个实验室的科学家组成的研究团队以史无前例的速度鉴定出了SARS冠状病毒。在日内瓦附近的大型强子对撞机实验室，为捕获希格斯玻色子而汇聚了来自世界各国的科学家。顶尖的科研中心遍布全世界，科学研究工作正日趋国际化。

然而身处这一国际化潮流之中，人们却一直未曾正确认识到，该趋势对科学本身和科学研究的实际运作方式所带来的影响。一些伟大的发现来自于跨学科思维，这早已成为人们的共识，比如在对于某一材料问题的研讨中，从化学家的角度能给人们一些有益的提示；在生物学问题上，物理学家可能给出一些真知灼见；生物学家则能帮助工程技术人员了解自然界的运作方式，以提供一些最佳解决方案。但几乎没有人认识到，当科研团队成员以各种不同文化方式解决问题时，会给科研工作带来多大活力。科研工作中，人才多国化与多学科化同等重要。

我一直在亲历这一国际多元化过程。我与来自墨西哥和德国的同事一起工作多年。在许多事情上我们都有共同的爱好：我们都喜欢美食，喜欢徒步旅行，喜欢与我们研究工作有关的数学和物理学。不过，当我们开始在黑板上写出一些公式时，我们的文化差异就变得明显起来。

当我们第一次开始合作时，我们所采取的科研方式似乎是相互冲突的。我们所研究的这些物理学问题——悬浮颗粒流体——是很棘手的。它们包含着许多未知参数,并且流体物理学研究还面临着许多约束条件和边界条件——一些不能突破的规则，它们就像物质不灭定律或一堵不可逾越的墙。在研究一些复杂的公式时，我的墨西哥同事想将这些规则放宽松一些，以使数学问题更容易解决，然后再将它们放回到严格的条件下加以处理。这样一来就让我们的德国朋友感到无法接受，于是他们就不断提醒我们不要忘记约束条件和边界条件，确保我们不致偏离正道太远而误入歧途。我所接受的美国文化教育却让我保持一种中间态度：我既要考虑这些约束条件，又想暂时将它们放宽松一些。

多年来，不同观点冲突碰撞所产生的创意火花给我们的科研工作带来了成功。这个德国人、墨西哥人还有几个美国人的研究团队一道解决了具有挑战性的多体水动力学（multibody hydrodynamics）问题——微粒群挤压流体的数学描述，这个复杂的数学描述可以解释浆状流体和悬浮颗粒流体的流动方式。

1985 年在巴黎从事北约（NATO）博士后研究期间，我第一次感受到跨文化思维带来的研究活力。法国同事教会我以不同的方法简化和厘清物理学问题。和采用典型的美国文化方式（以大量的数学公式解决问题）相比，对问题本身的美学和对直观感觉的价值判断，使我们更容易找到答案。后来在德国，作为亚历山大 · 冯 · 洪堡基金会奖金的获得者，我发现采用一种精心安排的战术和战略方法处理实验问题，能减少试错的次数。

这种思维多元化的力量开始展现在一些国际性会议上，在那里有机会倾听和请教一些问题，思考一些问题，相互探讨和批评指教，以及在会议结束后继续对话。

一些新型研究机构如雨后春笋般涌现出来，它们利用了国际合作的协同作用优势。新加坡已创建了一个高度国际化的科研平台，在那里人才济济，相互促进和竞争，建立起了一些全世界最好的科研团队。2011 年 12 月，阿卜杜拉国王科技大学的第二批理工科硕士毕业，他们来自沙特阿拉伯、中国、墨西哥、美国和其他 29 个国家。一些实验室、研究所和大学成为人才汇聚的中心，它们将最优秀的科学家聚集起来，一起去解决最困难的问题。

实现跨国界科研，将对科学家有更大的需求。随着科研工作的不断深入，科学家将变得越来越专业化，拓宽知识面和拥有合作经验使他们能更好地“以不同的方式思考”和“将多学科知识点联系起来”，从而获得新的发现。这最终将带来更好的科学研究工作和取得更多的科研成果。（翻译 詹浩）

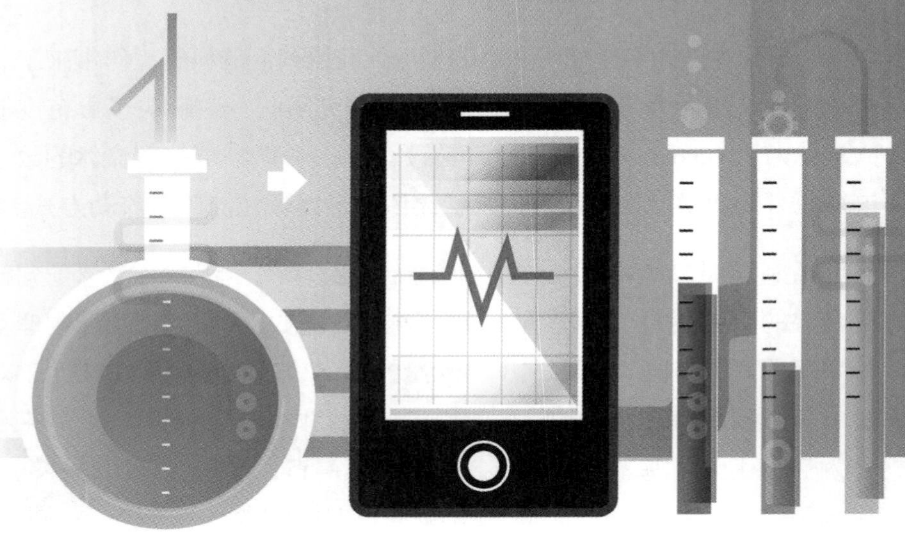

移动医疗来了

移动装置有可能成为强有力的医疗工具。

撰文 弗朗西斯·柯林斯（Francis Collins）

作为移动医疗技术实验的一位自愿者，我可以证明移动医疗非常吸引人，拿起你的 iPhone，启动应用程序，监测你的心跳和心律，然后将你的心电图（ECG）读数发送给远方的心脏病学家。作为一名医生和科研人员，我还知道这种令人神往的移动医疗技术不一定等同于完美的科学技术或完善的保健实践，它仍面临着挑战。

近年来，使用手机和无线传感器来收集和存取医疗数据发展迅速。广泛使用的移动医疗应用程序主要用于计算卡路里，调节营养状态，跟踪锻炼情况，计算体重指数和帮助戒烟。在有助于医学研究和医疗保健的移动医疗应用前景面前，这些成效就显得有点太小儿科了。

移动装置提供了非常有吸引力的低成本实时方法，以评估疾病、运动、影像、行为、社会交往、环境毒素、代谢产物和许多其他生理参数。许多移动医疗技术可能应用于生物医学研究领域中的一些高难度创新项目，与此同时，生物医学研究可以为移动医疗应用提供基础证据，这正是目前许多移动医疗应用所缺少的。

因为移动装置很小并且在运行时所需的能源极少，所以它们能以前所未有的方式将科研实验室带到患者身边。例如，临床实验参与者能够避免往返研究机构、记录日常活动或者携带笨重的监测装置所带来的不便。科研工作者还可以获得质量更高的数据资料，因为有关运动、饮食、疼痛等的工作日记和问卷调查都是出了名的不可靠。实时连续的生物学、行为和环境数据能大大改进对疾病深层次原因的了解。将移动医疗数据和 GPS 数据结合起来，还能帮助设计早期检测和预警系统，监测与环境风险或传染性病原体有关的疾病暴发。

无线传感器能帮助科研工作者持续跟踪患者在家中的睡眠情况，不然他们只能依赖实验室的研究或患者的自我报告。医生能监测患者日常活动中的血压，而不是在诊所中测量血压，而日常活动中的血压对于患者来说最为重要。埋置有纳米传感器的可洗去的文身，可以获取血糖和血中钠离子的读数，然后通过智能手机将读数传送出去。

为了使上述一切变成现实，医学研究人员、技术开发人员和软件设计人员必须齐心协力，寻找评估新技术的途径。美国国立卫生研究院（NIH）正致力于建立跨学科的研究，这是建立用于评估与移动医疗技术有关的利益和风险的数据库所必需的。

保护医疗数据的隐私权和安全性对于移动医疗来说是一项挑战。我们如何既能保护实验参与者和普通用户的权益，又不给研究和医疗质量带来负面影响？谁来为移动医疗数据的隐私保护制定规则？如果隐私权遭到侵犯，又由谁来提供保护？

我们还必须了解人们在其日常生活中实际使用移动医疗的方式。我估计当下大多数用户都像我一样，把他们的新型移动医疗应用程序当作引人关注的玩具，而不是改善健康状况的有用工具。然而我相信，在许多病症确定的患者身上，移动医疗能发挥真正的潜力。例如有一些患I型糖尿病的儿童参加了为期一年的无线技术病例对照研究，以监测和控制血糖水平。这项研究发表在《糖尿病医疗护理》（*Diabetes Care*）杂志上。研究结果表明：和未使用该系统的青少年相比，使用该自动系统的青少年的血糖控制和糖尿病自我医护能力要明显好得多。这是一个值得移动医疗技术欢欣鼓舞的时刻。（翻译 詹浩）

告别赢家通吃

科学家之间的激烈竞争已带来一些麻烦。是否有比优先权规则更好的解决办法呢？

撰文 阿图罗·卡萨德沃尔（Arturo Casadevall）
费里克·范格（Ferric C. Fang）

当牛顿发明微积分和他的引力理论时，他获得了比启动初期股票期权或一个年终奖金大红包多得多的回报。他的研究成果让他获得荣誉并得到同行的承认——最终赢得了世界的认可。自牛顿以来，科学界已经发生了很大的变化，但是这一基本事实并未改变：科学界流行的是做出业绩、赢得荣誉。

科学成就所带来的荣誉应如何加以分配呢？这个问题给科学研究的工作方式，以及社会能从科学研究中获得何种回报带来了很大的影响。在科学萌芽时代，自己宣称即可对某一发明拥有发明权，而现在已经转变为首个报告该发明的个人才拥有发明权。这种“优先权规则”已导致形形色色的纠纷——牛顿与戈特弗里德·威廉·莱布尼茨（Gottfried Wilhelm Leibniz）到底谁先发明微积分的著名争论便是其中的一例，但是从总体上说，该规则一直运行得很好。然而近年来，科学家之间的激烈竞争带来了一些麻烦，而我们已开始怀疑是否还存在一种比优先权规则更好的解决办法。

优先权规则充其量促进了良性竞争，它能够成为一种强大动力，推动科学家创新并迅速解决问题。经济学家将科学知识视为一种公共财产，这就意味着这些科学知识一旦公开发表，竞争者就能自由地利用这些知识。优先权规则鼓励科学家分享他们的知识。有些人认为，优先权规则还有助于确保社会对科学研究进行投资之后能获得最佳回报，因为在这个规则中，那些为社会作出最大贡献的科学家得到的回报最多。

然而优先权规则的赢家通吃也有其缺陷。它可能致使一些草率、不诚实、过分保密和过分强调科学论文发表载体的质量（如要在影响大的核心杂志上发表论文）等行为出现。《自然》杂志编辑就曾告诫科学家，在科研工作中要更加谨慎小心。他们列举出了许多例子，表明草率的做法日益增多，例如所公布的结果重复性差、数据错误、管控失当、方法描述不完整以及采用了不合适的统计分析等。

随着资金减少，竞争明显加剧，优先权规则的上述缺点已开始超过其带来的好处。科学家申请美国国立卫生研究院研究基金的成功率一直在下降，现在已降至历史最低点。其结果是，我们发现科学家之间的恶性竞争急剧增

加，随之而来的是科学出版物因欺诈行为或错误频出而发行量下滑的情况急剧增加。科学界的一些丑闻让人联想到体育界出现的兴奋剂问题：在体育界，给予赢家不成比例的奖励一直在助长欺诈和作弊行为。

团队精神在科学界一直相当重要。对过去 50 年的出版物的研究表明，科研团队在科学界发挥着越来越大的主导作用，并且正在贡献具有最大影响力的研究成果。合作团队、联合研究组织和网络对于解决人类基因组计划之类的跨学科问题和大型科研任务是必不可少的。优先权规则则有可能破坏这一进程。

优先权规则在科学界的适用性从未被人们怀疑过。在当代科学界，科学家在一些鼓励合作的大型研究团队中工作，对他们来说，优先权规则是否还是最为适合的呢？另一种体系崇尚团队协同作战解决科研难题，这种体系可能更为有效。与个人成就相比，产业界更看重集体目标；NIH 国际研究计划鼓励冒险精神以及与产业界和学术界建立合作伙伴关系。这两者给我们提供了截然不同但又具有教学意义的实例。或许科学家将会乐于用优先权规则带给自己的好处（个人奖励回报）来换取这样一种体系：该体系提供了更加稳定的资助和同事关系，让人们更自由地分享信息，提供更多公平和公正，以及更完善的科学严密性和合作性。这种体系将是给科学事业和它所为之服务的社会带来巨大利益的一种发明。（翻译 詹浩）

地球工程保护北极海冰

地球工程给我们提供机会，保护残留海冰免于继续流失，这也许是最好的办法。

撰文 彼得 · 沃德姆斯（Peter Wadhams）

我第一次去北极是在 1970 年夏天，乘坐的是加拿大“哈德森号”海洋调查船，它当时正在执行首次环美洲巡游任务。该船为抗冰加固型，因为它必须能抵御海冰对航行的干扰。沿着阿拉斯加海岸和北美西北海域，北冰洋海冰与陆地紧紧靠在一起，仅留下几英里（1 英里≈1.609 千米）

的缝隙让我们进行考察。有时海冰还直接爬上了海岸。这种现象人们已司空见惯，认为它再正常不过了。

但是现在，如果一艘船在夏季从白令海峡进入北极，就会发现在其前方是一片展现出开放海域的洋面。海水一直向北延伸很远，直到距北极仅几英里的地方才停住。从空中往下看，我们这个世界的最北端现在看起来是海蓝海蓝的，而非白茫茫的一片。然而事情实际上比表面上显露出的情况要糟糕得多。残留的海冰已经变得很薄——声呐测量表明，在 1976 年至 1999 年期间，海冰的平均厚度减少了 43%。按照这一下降速度，到 2015 年，夏季融冰的速度将超过冬季新冰积聚的速度，并且整个北极覆冰就将崩塌瓦解。

一旦夏季海冰完全消失殆尽，即便让海冰恢复并非不可能，但是潜热（latent heat，物质在物态变化过程中，在温度没有变化的情况下，吸收或释放的能量，例如水凝结成冰要放热）的物理学效应也会使海冰的恢复变得极其困难。我们将深入研究被美国科罗拉多大学博尔德分校国家雪冰数据中心主任马克 · 塞雷泽（Mark C. Serreze）称为北极“死亡循环”的这一现象。

一旦海冰让位于开放水域，反照率——被反射回太空的太阳辐射百分比——将从 0.6 下降到 0.1，这样一来将加快北极变暖的速度。根据我的计算，残留的北极夏季海冰消失给地球带来的变暖效应，将等效于过去 25 年二氧化碳排放所产生的温室效应。由于北冰洋的三分之一为浅海大陆架海域，其洋面变暖效应将延伸至海底区域，使沿岸永久冻土带融化并触发甲烷释放，而甲烷较之二氧化碳，所产生的温室变暖效应要强烈得多。由伊戈尔 · 舍米列托夫（Igor Semiletov）带领的一支俄罗斯–美国科考队最近对西伯利亚沿岸 200 多个站点进行了实地考察，在那些地点，甲烷正从海底不断涌上来。大气测量结果也表明甲烷含量正在持续上升，最有可能主要来自北极地区的甲烷排放。

为了避免北极夏季海冰崩塌所带来的后果，我们必须让已流失掉的海冰得以恢复。我们需要做的工作不仅仅是减慢北极变暖的步伐，还必须要扭转这一趋势，让北极变冷。

减少碳排放和使用包括核能在内的可再生能源来替代化石燃料当然是最明智的长期解决方案，但是这些措施却挽救不了北极海冰。经过我们数十年的努力，全球大气中的二氧化碳浓度依然以一种高于指数率的速度持续上升。

现在是时候考虑一种根本性的解决手段了，这个手段就是地球工程。在此我所谓的地球工程是指那些通过阻挡阳光、以人工方式降低地表温度的技术。其中一项技术需要将细密的水雾喷入低空云层使之“美白”；另一项技术则涉及用气球将固态硫酸盐释放到大气层中，促使反射辐射的气溶胶形成。一种更为简单的方法是将屋顶和人行道全都涂抹成白色。上述措施都是一些小修小补的解决方法。这类解决方法将不得不持续不断地使用，一旦有任何中断都将使大气变暖进程恢复且进一步加速。这些方法也无法直接应对诸如海洋酸化之类的二氧化碳效应，但是它们可以为我们赢得宝贵的时间。

是否存在一种可以使整个行星变冷的地球工程技术呢？有没有一种仅在夏季给北极降温，以阻止海冰消失的方法呢？在北极上空给云层美白，或释放化学剂对降水模式和温度又会带来什么影响呢？要获得上述问题的答案需要进行大量的研究和建模工作。这项工作必须立刻进行，我们再也不能为侈谈在遥远未来的某个合适日期减少二氧化碳排放量而浪费宝贵的时间了。我们必须立即采取行动。（翻译 詹浩）

受到挑战的美国专利制度

◎ 当我们见到一样东西时，如何认定它就是一种发明？

撰文 戴维 · 卡波斯（David J. Kappos）

美国专利制度是一个流行的目标课题。我们曾听说一些大型公司的大规模投资组合对一些小发明人构成了威胁，“专利钓饵”（patent trolls，专门为了打官司而申请某项专利，并且他自己永远也不会去用那项专利的人）的存在完全是为了起诉实体公司，这些人已经扰乱了新创意市场，并且大量的诉讼证明，美国的专利制度已经不再完善。

专利制度的确处于挑战的风口浪尖上。软件技术让我们的手机用上了GPS定位，CT扫描为我们提供早期健康诊断，我们还享受着其他美妙的服务，但是这类技术却难以获得专利保护。对于许多疾病的治疗来说，遗传学研究和生物技术的一些进步是至关重要的，并且需要巨额投资，而这些投资依赖于专利保护，但是却往往难以界定专利发明者的权利止于何处以及公众的权利始于何处。3D打印文件是否适合专利起诉？对于从巨量数据集中提取知识的算法，其保护的范围要多大才合适？每一个基础性的创新发明都要求复审和确定适用范围，这就是专利制度成为且必须成为不断完善的课题的原因。

在19世纪中叶缝纫机迅速发展时期，一些人曾断言专利制度已经不再完善，这也是这种说法最早出现的时候。在汽车专利诉讼期间，这些说法就已经出现，并且伴随着电报、电灯照明、飞机、激光和微处理器的问世而再次出现。虽然名称和技术变化了，但是故事却是相同的：在一项热门技术近乎全面推广应用时，一个专利诉讼僵局的出现，使人们对整个系统都提出了疑问。在每个前期诉讼僵局中，当事人和解，法院宣布判决，然后事情最终获得一个令人满意的结局，这就是人们设想的专利制度运作过程，也是目前正在运作的过程。

在软件技术方面，各种智能手机冲突各方，例如在苹果和三星之间的某一方，对于少数几个真正要紧的专利，他们正在缩小诉求范围。与此同时，法院正在对这些专利的许多内容进行缩小范围的解释，在新的解释下，这些专利不再算作被侵犯了，并且，法院还提出一些裁决让双方能解决其余的分歧。在生物技术方面，美国最高法院已经颁布了指导性文件，缩小了医疗诊断技术专利的适用范围，让创新发明人更好地调整其专利申请范围。美国最高法院已经开始对分离、纯化基因序列的专利适用范围进行研究，并将颁布进一步的指导性文件以供执行。

鉴于美国创新发明取得的历史性成就，我们必须将实用主义的观点和方法作为基本原则。该原则是《美国发明法案》（AIA）的灵魂所在。美国专利制度经过了几代人的修订，AIA 的最全面修订版本于 2011 年 9 月由奥巴马总统签字颁布，并于 2013 年春季全面生效。对于相互竞争的发明人之间，专利权的判决依据最为明显的变化是：从第一发明人变成了第一专利申请文件。对于谁发明，发明了什么和何时发明而言，这种方法将消除这类旷日持久的专利纠纷，至于发明时间，以前则是通过查验尘封已久的实验室笔记本来确认发明日期。使用一种简单、客观，公正的规则：让第一个前往提交专利申请的人获得专利，由第一申请文件取代了原来那种无休止的争吵。第一申请人的提出，也是美国朝着全球经济中的一个重要目标——让美国专利制度与其他国家的专利制度协调一致——迈出的一步。

除了第一申请文件之外，AIA 还通过提供一些成本效益的快捷方法，对正在申请的专利发表评论和对已授权专利提出异议，来回应人们对已授权专利的质疑。这些新的机会提供给所有专利申请者，但对于软件技术方面的专利特别有用，因为它们的申请很难在历史上找到参考资料，它们对生物技术方面的一些专利也很适用，因为这些专利必须精确地划分界限，以确认哪些是适合保护的发现，哪些是在所有情况下均可免费使用的发现。然而 AIA 才刚开始实施上述方法，人们正开始体会到这些新方法和新程序所带来的结果。我们的专利局是一所伟大的国立大学，它会对成功努力所取得的业绩授予毕业证书，这个证书比任何大学的毕业证书的价值都更高。（翻译 詹浩）

超越“上帝粒子”

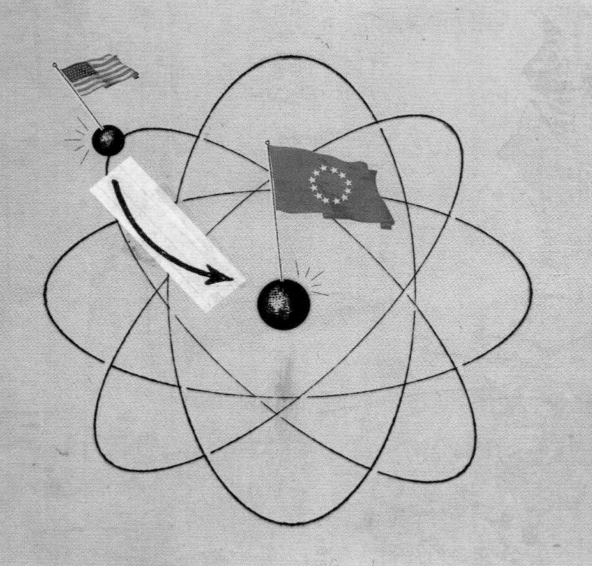

LHC 的研究成果让人们认为，美国粒子物理学正在走向死亡，但这种说法有夸大其词之嫌。

撰文 唐·林肯（Don Lincoln）

物理学家发现“上帝粒子”！自从位于日内瓦附近的大型强子对撞机（LHC）开始公布数据以来，这句话便成了一条常见的新闻标题。现在，科研人员已变得更为谨慎，并且对安在希格斯玻色子头上的这一可笑名称持完全否认的态度，但是我们仍认为，LHC 在 2012 年夏天的确发现了一种新粒子。

LHC 的研究工作获得的另一个共识是：作为上个世纪全球物理学界领跑者的美国已将火炬交到欧洲手中，以及美国粒子物理学研究工作注定要走下坡路。但是，这一共识并没有强有力的证据来支持。美国仍然是粒子物理学界的领跑者，美国物理学家决心让这一领跑优势保持下去。

可以肯定的是，有关希格斯玻色子源源不断的新传奇，是建立在来自 LHC 的数据的基础之上，而 LHC 主要由欧洲提供资助。即便如此，每一篇科研论文仍必须要由美国物理学家点头认可才行。产生这些结果的，是超环面仪器（ATLAS）实验和紧凑渺子线圈（CMS）实验，它们的规模很大，范围广泛，有全球 6,600 名物理学家参加，其中有 1,700 名来自美国 96 所大学、国家实验室和其他科研机构。美国科学界并没有放弃粒子物理学的研究工作。

你也不应该认为，上述 1,700 名科学家正在迁往欧洲。总的来说，这些物理学家仍将长住美国。虽然某些时段我们可能会飞赴欧洲，但是我们仍会回到我们在美国的家中并继续在美国的研究工作。在美国费米实验室兆电子伏特加速器（正负质子对撞机）鼎盛时期，上述情况正好反转过来。来自欧洲、亚洲和其他各大洲的科学家来到美国中部地区，工作一段时间后又乘机回家。粒子物理学研究早已是一项全球性事业，科学家会前往拥有他们所需科研设备的实验室工作。科学家们你来我往飞来飞去的这种工作方式一直延续到今天。

粒子物理学研究工作转移到欧洲主要是经济方面的原因。安装任何一台大型设备都需要耗费大量资金，并且主办国或主办地区都将获得这样的回报：研究设施坐落于其境内。要运行一个大型加速器需要工程师、程序员、技术人员和为他们提供资助的许多企业。考虑到这样一个大项目所带来的经济影响，主办国承担其中大部分的投资是完全合理的，因为这笔钱毕竟是投资于当地经济。经过多年的建造，LHC 大约花费了 100 亿美元。这笔钱主要用于购买和安装必需的组件，以进行想要做的实验。美国为 LHC 和探测设备的建造投入了 5.31 亿美元，这是相当大的一笔款项，却只占其总费用的 5% 左右。

虽然美国物理学家在努力从事 LHC 的研究工作，但是他们在美国也拥有令人振奋的实验工作，其中一些实验才刚刚处于起步阶段。例如，在美国从事各种各样基础科学问题研究的众多国家实验室中，费米实验室的唯一使命是研究一些重大的宇宙问题。由于 LHC 的存在以及费米实验室的预算经费在过去几年中不断减少，在美国建造一台能量高到足以超越 LHC 的新型高能加速器的希望正变得越来越小。不过，费米实验室一直在推进一种动态研究议程，研究中微子的行为，探索 μ 子行为的细节问题，研究暗物质和能量，改善和提升现有加速器性能，以及加大对未来加速器技术的研发力度。

上述工作不仅仅是填空补缺式的研究工作。如果美国不从事这类研究，其他国家也会进行这些实验，因为这些问题对于增进我们对宇宙的了解来说是至关重要的。事实上，费米实验室的这些高强度实验将能探测在更高能量的 LHC 上无法观测到的现象，并且将吸引世界各地的研究人员。

这并不是说我们对美国粒子物理学的未来前景充满希望。美国能源部对粒子物理学研究的预算经费持续下调已达 10 年之久，美国 2008 年的经济衰退加快了这一下调速度，并且华盛顿持续的政治动荡也使经济复苏充满了不确定性。

物理学家提出的关于宇宙起源和现实世界本质方面的问题，已使思想家们困惑了很久很久。在美国，我们将继续研究这些重大问题，并且我们希望解决其中的一些问题。（翻译 詹浩）

科学与偏见

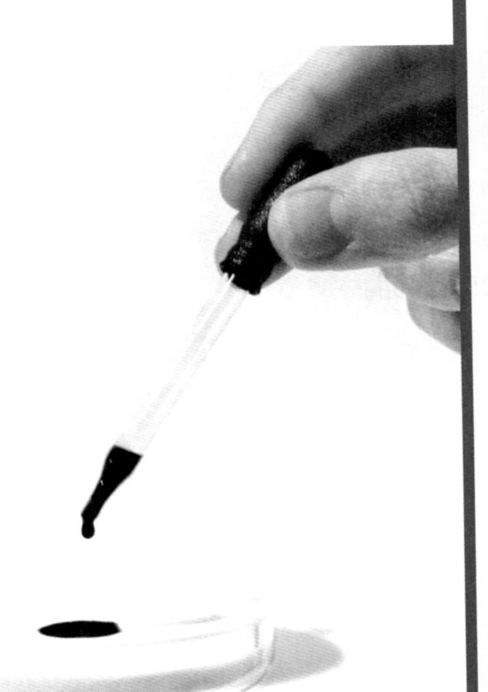

美国国立卫生研究院在项目基金评审方式上可能存在的偏见，不仅有损美国非裔研究人员的利益，而且不利于那些具有创新科研思想的研究人员施展才华。

撰文　戴维·卡普兰（David Kaplan）

美国的生物医学研究人员通常是向美国国立卫生研究院（National Institutes of Health，简称 NIH）申请研究经费。美国堪萨斯大学的唐娜·金瑟（Donna Ginther）及其同事曾在《科学》杂志上发表的一篇针对此类研究经费审批过程的报告透露，黑人科学家获得资助的可能性显著低于白人科学家。即使排除申请人在教育背景、专业培训、论文发表、研究获奖情况以及雇主性质等方面的差别，这种差异还是非常明显。

该论文的作者表示，种族偏见不太可能是造成上述现象的原因，因为评审人员并不知道申请者的种族背景。在同期《科学》杂志上发表的另一篇文章中，几位著名的黑人生物医学科学家也对存在种族偏见表示怀疑。他们认为 NIH 的评审对于研究经费的审批，完全是根据申请项目的科学质量而定。然而，除了偏见以外，到底是什么造成了上述种族差异呢？该研究报告的主要作者承认，她也不知道答案。我们只有弄清了产生偏差的真正原因，才有可能制定出相应的解决方案。

其中一种可能的解释是：NIH 的评审体制所造成的偏差并不太针对某个种族群体，而更多针对那些不常见的非常规研究思维。专家评审们需要在很短的时间内，对那些极度复杂、技术性极强的冗长文件进行详细评估。评审们通常对于申请项目的相关特定研究领域很熟悉，但这就意味着他们对于该研究领域难免会有一些先入为主的思想。评审时间紧使他们更加依赖自身原有的知识和感觉。在这种情况下，评审人员就不免会偏向他们所熟悉的（不是认识的，就是听说过的）科学家。

至少在生物医学领域，黑人研究人员通常是不为评审们熟知的，而且他们的研究理念也常常突破传统。这种情况部分是因为他们的特有背景。例如，某些疾病——比如终末期肾脏病（End Stage Renal Disease，简称 ESRD）和恶性黑色素瘤——在黑人和白人中的发病率不同。因此，黑人研究者所提出的研究项目，往往涉及一系列白人研究者不常关注的疾病。

数据显示，要跻身于 NIH 资助的研究者行列越来越困难。1970 年，首次从 NIH 获取重要研究经费的研究人员的平均年龄为 35 岁，到 2007 年，这个年龄已经上升至 43 岁。在较前沿的科研分支领域中，黑人科学家所占的比例也越来越小。金瑟和她的同事发现，在他们研究的时间段里，黑人科学家提交的资助申请仅为申请总数的 1.4%，而由白人科学家所提交的资助申请则占了 69.9%。

根据美国国家科学基金会所收集的数据，2006 年美国拥有博士学位的生物学家中只有 2.6% 为黑人，而这与金瑟的研究数据基本一致。我有这种感觉，在生物医学研究领域，黑人科学家人数不足的情况，在科研高层（系主任、科研获奖人员、编委会成员、研究部门评审人员和美国国家科学院成员）中表现得更加明显。由于黑人在权力结构中没有占据相应的比例，科研资金在黑人和白人研究者中的分配，自然就不均衡了。

NIH 的负责人已承认，他们对一些非传统研究项目的资助不足，并相应地设立了一些奖项以弥补这一不足，例如 NIH 院长创新奖和开拓奖计划。不过，这些措施还是远远不够的。对于美国国立卫生研究院来说，解决方案之一可能是建立多种不同的科研经费决策机制。例如，在科研经费的划拨中采取抽签的方式，这样既不会令结果产生种族差异，也不必对评审人员进行严格的筛选，或者通过“众包”（crowdsourcing，把工作任务外包给大众网络）来完成评审工作。采用一些筛选资助申请的新方法，对传统的同行评审加以补充，有可能才是从根本上消除种族差距的唯一途径。（翻译 詹浩）

被选择性拒绝的科学

一位科学老师是怎样看待科学家和创世论学者能否和睦相处这个问题的。

撰文 雅各布·塔伦鲍姆（Jacob Tanenbaum）

作为一位科学课教师，我总是很关注人们对我讲授的内容抱有怎样的看法。由于 40% 以上的美国成年人完全相信《创世纪》中所撰写的内容——地球和宇宙是在大约 6,000 年前的 6 天之内形成的——并且由于我最近就住在美国肯塔基州圣彼得堡创世博物馆附近，因此我决定去该馆参观，浏览一下“创世纪的答案”（Answers in Genesis）展部的内容。

该博物馆拥有一个全新的天文馆和 6,500 平方米的展馆，来证明创世纪的故事和圣经上描述的完全一致。在主展厅，一个大型显示屏播放出世界刚刚创建时的生活景况，展现的植物和岩石栩栩如生，一个小孩正在那里玩耍，两只恐龙正在附近吃草。据这些展品介绍，恒星的出现要晚于地球，它们产生于地球诞生之后的第 4 天，并且我们现在所看到的所有动物种类都是诺亚从大洪水中拯救出来的。地球曾经历过唯一的一次冰河时期，它持续了几百年。

在该博物馆中参观时，最让我困惑的是接二连三的展品不断重复的一个主题：创造论者（Creationists）和主流科学家的看法只是略有不同。其实他们的看法并非略有不同，简直就是南辕北辙。这并不是说科学与宗教就是水火不容的，许多科学家都相信存在着某种更强大的力量，而许多宗教人士也认可进化论的观点。不过，创世纪的文献解释却无法与现代科学协调一致。

科学家告诉我们，我们生活在一个浩瀚宇宙中的一个偏远角落处，在人类出现之前这个宇宙已有数十亿年的历史。没有我们存在，宇宙和地球照样能继续正常运行下去。我们只是一个小行星上众多的物种之一，古老化石记录表明，所有在这颗行星上生活过的物种中，有 99% 以上都已经灭绝了。这一事实说明，我们作为一个物种存在于地球上实在太脆弱了——对于这样一种存在，我们必须全力去加以保护。

相反，创造论者则坚持认为我们是上帝的宠儿。我们生活在宇宙的中心，上帝创造和运转着一个星球是为了供我们使用。地球的资源供我们随意开发利用。上帝保护我们并允诺在世界末日到来之前他不会再次将地球毁灭。在这种情况下，我们没有任何理由去捍卫我们的存在。

创造论者以答案作为起点，并努力去证明那些答案是正确的。这一工作方式与科学研究大相径庭，相互对立。创立人类进化观点的科学家并不是先虚构出了这一观点，再去不断地寻找化石证据。早在达尔文于 1859 年发表其论著之前，以及早在一个石灰石采石场的工人于 1856 年发现一些后来被称为尼安德特人的奇怪骨头化石之前，科学家就在努力解释他们在自然界和化石记录中所发现的东西了。进化理论是那些科学分析的产物，这才是科学研究的工作方式。

危险的问题在于：有 40% 的美国选民看起来似乎都已忘记了什么是科学。美国已将宇航员送到月球上并发明了飞机和互联网，这样的发展非同寻常。可是当许多美国选民面对我们时代的复杂科学问题时，他们却不是全盘接受科学，而是选择性地接受。他们中几乎没有人生活在没有化石燃料和电力供应的环境中。大多数人都乐于乘坐飞机旅行，洗热水淋浴，给住房供暖，驱车出行，观看电视节目以及给朋友发送短消息。只有在科学与这些人的信仰发生冲突或要求他们改变其生活方式时，他们才将科学拒之门外。

作为一个处于知识型全球经济之中的国家，当美国人选择性地拒绝科学时，这种拒绝便阻碍了美国进一步的发展。当科学发现告诉我们自己的行为会带来一些后果，给未来蒙上一层阴影，并要求我们改变态度时，我们必须积极反思，勇敢面对。为此，我将继续讲授科学课而非宗教信仰。因为如果学生不了解科学研究起着多么重要的作用，那么我们就可能会毁掉我们的未来，甚至威胁到人类自身在这个古老地球上的存在。（翻译 詹浩）

传授批判性思维

批判性思维是一种可传授的技能，它最好在从幼儿园到高三的课堂之外讲授。

撰文 丹尼斯·巴特尔斯
（Dennis M. Bartels）

民主的有效实施有赖于选民的批判性思维能力。然而，通过考试招生录取学生的正规教育，却越来越无法让学生提出有助于作出明智决策的问题。

十几年前，认知科学家约翰·巴兰斯福德（John D. Baransford）和丹尼尔·施瓦茨（Daniel L. Schwartz）都在范德堡大学工作，他们发现青年人和儿童的不同之处并非记忆力或学以致用、推陈出新的能力，而是一种被他们称为“为今后继续学习作好准备”的素质。这两位研究人员将一些小学5年级学生分成一个组，将一些大学生分成另一个组，要求他们分别创建一个环境恢复计划，以保护美国秃鹰免于灭绝。令人震惊的是，这两个组所提出的计划水平不相上下，只是大学生的文字能力更好一些。从传统教育的角度来看，这样的结果表明，在帮助学生深入思考生态系统和生物种群灭绝等主要科学思想方面，学校的教育是失败的。

虽然取得了这样的结果，但是这两位研究人员仍决定对这个问题进行更深入的研究。他们要求这两个组就创建环境恢复计划所必须涉及的重要问题进行提问。在这个任务上，他们发现了两者之间的巨大差异。大学生将注意力主要集中在秃鹰与其栖息地之间相互依存的关键问题上，例如“支持秃鹰生存的生态系统为何种类型”以及“不同的环境恢复领域需要哪些类型的专家”。小学5年级学生则倾向于将大部分关注点放在单个秃鹰的特征上，例如“它们有多大”和“它们吃什么”。这些大学生们已经培养起提问的技能，即批判性思维的基础，他们已经学会了如何学习。

比起小学和中学来说，博物馆和其他非正规学习机构可能更适合传授这种技能。最近，在美国旧金山探索博物馆，我们进行了这样一项研究：学会提出高质量的问题对人们的科技咨询质量可能带来怎样的影响。我们发现，当我们教参观者询问“如果这样将会怎样”和“怎么会这样”等目前没人知道答案，并能引发探索兴趣的问题时，他们就会在下一个展览中参与质量更高的咨询——提出更多的问题，进行更多的实验并更好地解释他们的实验结果。特别是，在新的展览上，他们提出的问题变得更加完善。他们不仅仅会问他们想要尝试的某件事（“当你移开一块磁铁时将发生什么情况”），而且在他们提出的问题中往往既包括原因又包括其影响（“如果我们移走这一块磁铁，那么其他磁铁会移动相同的距离吗”）。问一些有趣的问题似乎是一种可传授的技能，这种技能能让他们相互合作，更深入地调查展品的科技含量。

这种类型的学习并不局限于博物馆或类似机构。最好的例子之一是《乔恩·斯图尔特每日秀》，在这档以其名字命名的节目中，主持人斯图尔特巧妙地利用数字、逻辑和旧视频节目将新闻报道中的政治、商业和科技观点中那些冠冕堂皇的伪装撕得粉碎。展示玩家 DIY 作品的造物者聚会（Maker Faire）活动已经重新引入了这样一种观点：我们的学习比我们的错误更珍贵。DIY 实验者遇到瓶颈时，会重新构建问题并理出头绪。

非正规学习环境比学校更能容忍失败。或许，许多教师由于时间太少而无法让学生去逐渐形成并探寻自己的问题，并且提问技能由于牵涉面太广，所以无法包括在课程之中和进行标准化测试。但是，人们最终必须掌握提问的技能。我们的社会需要公民们能够作出重要决定，比方说有关自己的医疗问题，或者我们必须为全球能源需求做些什么等。为此，我们需要有一个强大的非正规学习系统，该系统没有成绩分数的要求，能接收所有学生，并且在节假日和周末也能学习。（翻译　詹浩）

复活猛犸象是好事

复活猛犸象和其他灭绝生物是一个好主意。

撰文 乔治·丘奇（George Church）

《环球科学》2013 年第 9 期上的《核查冰冻猛犸象新闻》一文中曾强调，用幸存的 DNA 复活诸如猛犸象之类的灭绝物种是一个坏主意。这种缺乏考虑的说法过于草率。复活猛犸象的想法有其可取之处，值得以一种开放的心态和采用多学科的观点加以讨论。

灭绝生物复活研究的目的并非完整无缺地复原灭绝生物，也不是在实验室和动物园中演示一种一次性特技。复活是对古代 DNA 和合成 DNA 的一种最佳利用方式。复活的目标在于，让现有生态系统适应全球气候变暖等环境状况的急剧变化，并有可能逆转这种有害变化。

某些依赖于“关键物种”（keystone species）的生态系统已经丧失了它们曾经拥有的物种多样性，因为一些物种不再适应这样的环境。随着环境发生改变，某些生态系统可能再次需要古代的物种多样性。例如，4,000 年前，俄罗斯和加拿大的苔原由以草和冰为基础的生态系统构成，比现在更富饶。而现在，苔原正在融化，如果这一过程持续下去，所释放的温室气体会比将全球所有森林夷为平地所释放的温室气体更多。仅仅改变一头现代大象的几十个基因——赋予它皮下脂肪、皮毛和皮脂腺——就有可能足以产生出一个在功能上类似于猛犸象的物种。让这一关键物种重返苔原，有可能避免气候变暖所带来的某些影响。

通过以下行为，猛犸象有可能让苔原保持较冷状态：吃掉枯死的草，使太阳赋予鲜活的春草以能量，其延伸至土壤深处的草根能防止水土流失；推倒吸收阳光的大树，增加反射光；穿行于有隔离作用的冰雪中，让冰冷的空气穿透土壤，从而将土壤冻结。相比非洲象，偷猎者似乎不太可能将北极猛犸象当成狩猎目标。

“抵抗灭绝活动”（De-extinction）并非一种新奇的想法。医学研究人员已经复原了人类内源性逆转录病毒 HERV-K 和 1918 年流感病毒的完整基因组。对这些复活物种的研究和了解，有可能挽救数以百万计的生命。其他几种灭绝动物的基因，包括猛犸象的血红蛋白在内，也已得以修复，并且研究者还对它们的一些奇异特性进行了测试。目前，这种研究只涉及上述少数几个基因，要将其推广到鸟类或哺乳动物基因组的约 20,000 个基因上可能没有必要，即使有这种需要，进行这样的研究可能也不太难。各种相关技术的成本费用较低，而且正在不断下降。

一直进行动物育种和饲养工作，直到有足够数量的动物可以放生野外，这本身就是一个雄心勃勃的计划，但其花费不应该比家畜育种或保护其他濒危野生动物更高。如果我们使用遗传方法来改善我们复活的物种——增强它们的免疫力与生育能力，并提升它们从可获得的食物中吸收营养与应对环境压力的能力，那么这一成本费用还可以进一步降低。

除了复活灭绝物种之外，复活研究还有助于现有生物恢复失去的遗传多样性。澳大利亚的塔斯马尼亚袋獾（Tasmanian devil，拉丁文名 *Sarcophilus harrisii*）属于典型的近亲繁殖动物，以至于这个物种的大多数成员都能交换肿瘤细胞而不发生排异反应。一种可以通过面部伤口传播的罕见传染性癌症，正在使该物种走向灭绝（参见《环球科学》2011 年第 7 期《癌症也会传染？》）。复原来自各种古老袋獾的组织相容性基因（histocompatibility genes，它们管控组织排异反应）就能让现在的袋獾存活下来。人们还对两栖动物、猎豹、珊瑚和其他生物群体进行过类似的讨论。古老的基因可以使它们更能耐受化学物品、炎热、传染病和干旱。

复活灭绝动物并非拯救处于危险之中的生态系统的一剂万能药。防止大象、犀牛和其他濒危物种灭绝也是极其重要的。无论如何，我们必须更好地分配有限的用于物种保护的资源。但是，将这个问题视作一种“零和”游戏，认为保护一个物种必然意味着放弃另一个物种，却是一种错误。正如一种新型疫苗可以节省本将花费在患者身上的医疗资源一样，复活研究也许能够通过提供一种强大的新工具，来帮助保育工作者。哪怕复活灭绝生物仅仅只是一种可能性，但作为要对它认真加以研究的理由而言，这已足够充分了。（翻译 詹浩）

让气候阴谋论远离课堂

美国的一些学校仍在教授反进化论以及气候变暖与人类活动无关的观点。

撰文 尤金妮亚·斯科特（Eugenie C. Scott）
明达·伯布科（Minda Berbeco）

几十年来，对进化论的异议一直困扰着美国教师、学校董事会、各州的教育委员会和立法机关。美国教育工作者为在科学课中保留下进化论内容并排除神创论内容作过斗争。我们抵制智慧设计（intelligent design）这种说法，该说法认为，单用自然选择根本无法解释生命为何会这么复杂。实际上，智慧设计是一条通往神创论的迂回途径。目前，我们正在竭力抵制某些法律条款的出台，这些条款会鼓励教师讲授“反对进化论的证据”——所谓的证据，只能在神创论文献中才能找到。

反进化论的后果在许多美国学校都能看到：这些学校里不讲授进化论，或者就是讲授也讲得很少。然而，进化论是人类智慧发展史中最重要的思想之一，学生有权利学习进化论。生物的共同祖先和遗传机制解释了生物为何成为它们现在这个样子。被剥夺这方面知识的学生和成年人将成为科学文盲，在如今这样一个全球性、充满竞争的世界里，没有进化论的知识显然不行。对进化论知识只是略知一二的学生，仍会可悲地被认为未受到过良好教育。

这些“学术自由”的法案并非仅仅针对进化论。这些法案还瞄上了气候变化，这是另一个有大量证据的科学领域，并且这些证据得到了科学界的认可。地球正在变暖，并且现在气候快速变化的原因是过去的 150 年中人类大量燃烧化石燃料，这在科学界几乎是无可争议的。但是公众的不信任意味着，美国国家科学教育中心（NCSE）目前还要帮助教师与气候问题上的错误认识作斗争，而成立于 20 世纪 80 年代的 NCSE 本是为了与反进化论者作斗争。

对气候变化提出反对意见的原因更多源自政治和经济上，而非宗教意识形态。一些政治保守派人士声称，全球变暖是美国民主党为了加强美国政府权力的一个阴谋，如果减少对化石燃料的依赖，那么将危及国家安全，并会对美国人的个人自由造成威胁。一些自由主义人士则认为，碳税之类的政策是一种旨在削弱资本主义的“社会主义阴谋”。诚然，有些政治经济观点与应对气候变化的相关政策不相适应，但是我们不应该让一些人的意识形态阻碍或扭曲对大多数人的教育。

最近，一个包括美国国家科学院、26 个州和非营利组织在内的联合机构发布了《下一代科学标准》（*Next Generation Science Standards*），该标准将要求，在这些州里，教师既要讲授进化论，也要讲授气候变化。这并不意味着教师都一定要全面地讲授这两个科目，但总的来说，在采用该标准的各州里，学生在学习进化论和气候变化方面，会比目前能学到的东西多一些。

《下一代科学标准》规定的教学内容，远胜于某些所谓的“学术自由法案”，因为后者只允许教师使用在神创论网站上发布过的（其中许多信息认为，地球并没有数十亿年寿命），或者来自气候变化反对者们的信息（将气候变暖归因于无法避免的太阳活动周期，而非温室气体排放量的增加）。在这些“学术自由法案”的约束下，学生们还将“学”到，工业革命前的中世纪就经历过气候变暖期，这可以“证明”并非人为因素造成了全球变暖——尽管那时的变暖仅仅是一个地区性的变暖事件。科学家并不认可上述观点，但这并不能阻止它们出现在一些教案中，而这些教案对人类活动已经影响到地球气候的事实仍持异议。

今天，气候变暖的速度并非区域性的，而是全球性的——它影响着陆地、海洋和天空。科学界一致认为，人类应该对气候变暖负主要责任。无论我们的社会作出何种决策去应对气候变化，这些决策都必须建立在坚实的科学基础之上。如果因为意识形态上与科学结论相左而违背科学，那么我们都将受到损害。学生有权知道科学家得出的结论，让宗教、政治或经济层面的意识形态主导我们的科学教学活动并非正道。（翻译 詹浩）

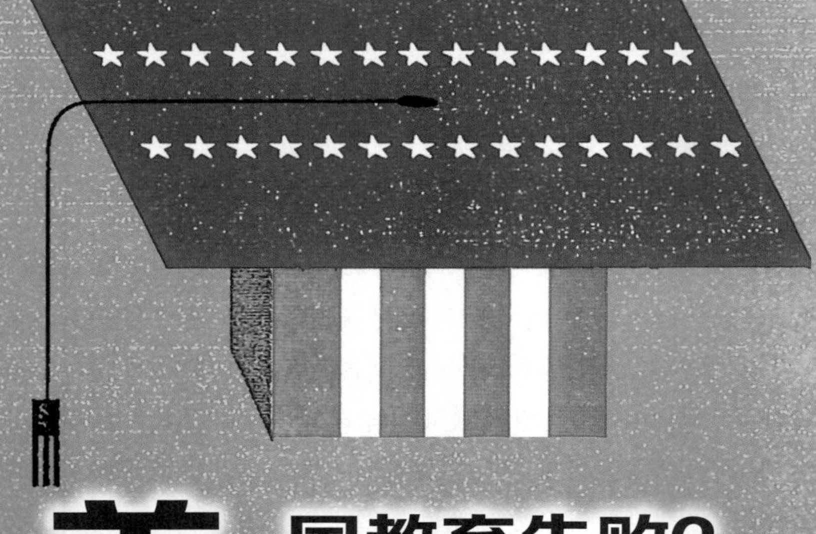

美国教育失败？

美国高等教育遭遇“人才流失”。

撰文 哈罗德·莱维（Harold O. Levy）

美国曾经在科学和技术领域长期占据的优势现在正渐渐消失，这是个不可逆转的势头吗？过去几十年，因为在科技领域的崇高地位，美国吸引了全世界最聪明有才的学生前来接受高等教育。到今天，美国大学颁发的工程、计算机和物理学博士学位有超过一半颁给了外国公民；而获颁大学理工学位的外国人，也已经占到了总数的三分之一。在某些领域这个比例更高，比如在电气工程专业 2001 年颁发的博士文凭中，就有 65% 是外国学生领走的。

这些数字应该引以为戒，而不是激发自豪。因为说来丧气：美国公共教育体系培养的中学毕业生，有太多不能够胜任一般科目的大学教育，热衷于数学和科学的就更少了。数理领域的研究生国籍复杂，其实掩盖了美国教育彻底失败的事实：2011 年的 1,777 个物理学博士学位中，有 743 个颁给了持有短期签证的各国留学生——这还没有算上已经取得美国永久居留权的外国人，而在这 1,777 个博士学位中，只有 15 个颁给了非洲裔美国人。

外国学生的大量涌入，或许已经到了一个关键时期。以前，经济学家总是哀叹发展中国家遭遇“人才流失”。而现在，许多外国学生在拿到美国文凭之后就返回祖国了，因为在他们看来，祖国的机会已经超过了美国。美国大学的硕士班里，到处都是打算一毕业就回国的留学生。

这方面的最新数据是 2009 年的，那一年，持有短期签证的留学生在美国拿到了 27% 的理工科硕士学位，其中有 36% 是物理学，46% 是计算机科学。另有一项 2002 年的调查显示，这些硕士研究生有近 30% 并不打算毕业后非要在美国生活。从 2007 年起，美国的就业市场一片惨淡，上述调查是在那之前开展的，此后的情况更可想而知。截止到本文发稿前，国会仍在为移民法改革相持不下，除非国会能打破僵局，否则留学生留下的比例势必更加走低。

如果留学生真的离开美国，就相当于在无形中带走了我们的一笔对外援助：他们在美国接受的高等教育，其实是由美国纳税人买的单——通过资助研究、经济补助（美国学生和外国学生都可领取）以及形形色色的补贴和奖励，美国人支援了留学生的教育。此外，美国许多州政府也为当地的大学（包括纯私立大学）提供土地、楼房和带补贴的施工贷款，消防和警力保护，以及大量免征的房产税和营业税；有个别州，每年还给大学财政拨款。美国对高等教育的投入，使得一些国家——特别是中国、印度和韩国——受益匪浅。

当然了，就像那些传统、公开的对外援助一样，美国在教育上的慷慨也赢得了回报——在美国接受教育的学生回到发展中国家，会使当地人对美国的商贸和制造业风格更加亲近；而和美国一致的商业规范、人才要求和发展愿景，也会使外国和美国的企业往来更为顺畅。但风险也同时存在：如果目前的趋势继续下去，美国的科学家和工程师——这两类创新和繁荣的主要驱动者——终将被美国培养的国外竞争者赶超，因为他们比美国人更加注重下一代的教育。

如果不想这样，美国就要改进从幼儿园到高中的数学和理科教育。2013年4月，一个由26个州组成的联盟迈出了重要的一步，联合发布了《下一代科学标准》（*Next Generation Science Standards*），那是一份为大学学习奠定基础的中小学课程纲领，目前已经有至少7个州采纳。但是，这个注重积极探索、鼓励对科学求证的计划，却在一些怀疑科学的角落遭到了抵触。另外，实施这些标准需要花钱，而美国对幼儿园到高中的科学教育向来是吝啬的，这已经成了一个长期的全国性问题。但是现在，除了投入，我们没有别的选择。不这么做，我们就只有坐视美国的顶尖大学，成为美国在无形中援助外国的通道了。（翻译　红猪）

作者介绍

《科学美国人》的专栏作者大多是来自科学界、商界、政界的精英与领袖，他们为我们提供了独特的观点，让我们对人类社会有更深刻的理解与洞察。

戴维·波格

《科学美国人》专栏作家，长期关注IT、电子领域的研究进展与热点事件。同时，他也是《纽约时报》“个人技术”专栏撰稿人，曾作为美国哥伦比亚广播公司的记者获得过艾美奖（Emmy Awards）。

菲利普·卡恩

全能技术（Fullpower Technologies）公司的联合创始人兼首席执行官。该公司是MotionX技术的运营商，耐克和Jawbone公司在他们的产品中使用了这一技术。1997年，卡恩将成像传感器和手机整合到一起，发明了拍照手机。

迈克尔·彭博

美国纽约市市长。

杰弗里·韦斯特

美国圣菲研究所特聘教授和世界经济论坛全球复杂系统项目议程委员会主席。

J·P·兰加斯瓦米

Salesforce.com的首席科学家。英国计算机学会和英国皇家美术学会成员，国际网络科学协会（Web Science Trust）理事。他的博客名为“Confused of Calcutta”。

萨利姆·阿里

澳大利亚昆士兰大学矿业社会责任中心主任、佛蒙特大学环境外交与安全研究所的创始人和所长。

罗伊·汉密尔顿

任职于宾夕法尼亚大学认知神经科学中心。

吉哈德·扎里伊克

伦敦大学学院神经科学专业研究生，在一个脑刺激实验室从事认知实验研究。

斯科特·博格

美国网络安全研究所负责人，该单位为一家非营利研究机构。

迈克尔·费尔蒂克

Reputation.com 的创始人和首席执行官。Reputation.com 是世界经济论坛互联网未来全球议程理事会（World Economic Forum Global Agenda Council on the Future of the Internet）成员单位。

约翰·约安尼季斯

卡路·宏邦疾病预防研究所的医学和卫生研究与政策教授，以及斯坦福大学医学院斯坦福预防研究中心主任。

肯尼斯·凯丁

美国塔夫斯药物研发中心主任，同时担任塔夫斯大学医学院的研究教授。

克里斯托弗·米尔恩

美国塔夫斯药物研发中心副主任，同时担任塔夫斯大学医学院的研究助理教授。

爱德华·卢

原美国航空航天局（NASA）宇航员和 B612 基金会主席，2007 年到 2010 年，曾任谷歌高级项目经理。B612 基金会是非营利组织，正致力于研究和制定一些探测和偏转小行星运行轨道的计划。

唐纳德·拉姆

美国芝加哥大学天体物理学和天文学系罗伯特·米利肯（Robert A. Millikan）杰出教授，并任该校 Flash 计算科学中心主任。

斯图亚特·费尔斯坦

美国哥伦比亚大学教授和生物科学系主任，也是《无知：如何推动科学发展》一书的作者，该书由牛津出版社于 2012 年 5 月出版。

艾丽斯·加斯特

美国利哈伊大学校长。

弗朗西斯·柯林斯

美国国立卫生研究院院长。

阿图罗·卡萨德沃尔

美国爱因斯坦医学院微生物学及免疫学里奥和朱丽亚·弗克海默教授 (Leo and Julia Forchheimer Chair)，同时也是美国微生物学会期刊《微生物学》的总编辑。

费里克·范格

华盛顿大学实验医学与微生物学教授，《传染与免疫学》总编辑。

彼得·沃德姆斯

英国剑桥大学海洋物理学教授。

戴维·卡波斯

前美国商务部副部长和美国专利商标局局长。目前是克拉韦斯·斯温尼和穆尔律师事务所合伙人。

唐·林肯

美国费米实验室的资深物理学家，还在瑞士日内瓦附近的大型强子对撞机（LHC）上从事科研工作。2009 年科学畅销书籍《量子前沿》（*The Quantum Frontier*）的作者。

戴维·卡普兰

大学医院（UH）凯斯医疗中心的实习医生导师和美国凯斯西储大学的病理学教授。

雅各布·塔伦鲍姆

纽约布劳维尔特卡蒂奇莱恩（Cottage Lane）小学四年级和五年级的科学课教师。

丹尼斯·巴特尔斯

美国旧金山探索博物馆执行理事。

乔治·丘奇

哈佛大学医学院遗传学教授和美国国立卫生研究院基因组科学卓越中心（Centers of Excellence in Genomic Science，CEGS）负责人。

尤金妮亚·斯科特

美国国家科学教育中心执行董事。

明达·伯布科

美国国家科学教育中心项目和政策主管。

哈罗德·莱维

2000～2002年任纽约市教育局长，现在是投资公司Palm Ventures的常务理事，在公司中主管教育事务。